U0652787

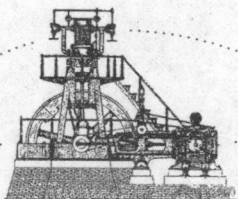

发明简史

—— 听房龙讲发明的故事 ——

[美] 亨德里克·威廉·房龙◎著

辛怡◎译

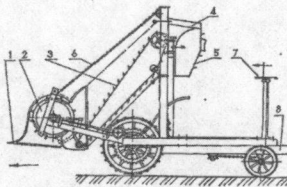

中国華僑出版社

·北京·

前言

人类——创造奇迹的人

最初一切都简简单单。地球是宇宙的中心，天空是一个蓝色穹顶，十分美丽。

晚上，会有一些小天使从穹顶中钻出来探头探脑，那就是星星。

一天，一位勇敢的人携带简易望远镜爬到塔顶，认真观察了很长时间。

麻烦就是从这时开始的。

首先，宇宙的中心必须变成太阳。随后，我们又发现著名的太阳系实际上并非"宇宙"，只是神秘而广袤的体系中的一个无名小卒。从这一点进行推断，这个神秘而广袤的体系也是某种更神秘、更广袤的体系中的微小部分。据推测，这个更神秘、更广袤的体系不过是银河系偏僻角落上的一个小角色。

上述发现，不但引起了神学家的不安，也使数学家和天文学家感到不安。在这些发现出现之前，他们可以用千米或英里作为测量地月距离的单位，甚至也可以用它们来测量地球和最近的行星之间的距离。

但如今，千百年来人们熟悉的"宇宙"意外地变得比东方圣书中的某一章更为重要；人们发现太阳系可以被某种更大的体系轻而易举地纳入囊中；我们现在必须在前人使用的计算单位上加上十几个零才够用，所以必须确立一种新的几何标准，不然天文学家在用量尺计算的时候肯定会累得手臂酸痛。

因此，确立了一个新的"天文学单位"——

传统的宇宙突然变得十分广袤。

92900000 英里。这是地球运行轨道半径的数值，只要不用来测量太长的距离，这个单位用起来还是非常方便的。

但是，如果要测量真正的星球之间的距离（那些货真价实的大家伙，而不是地球附近的小伙伴），那这个天文单位就捉襟见肘了，必须确立一个比 92900000 英里更大的单位。

与此同时，阿尔伯特·迈克尔逊在做一个光学实验，提出光线——当然，不应该叫作"光线"，不过我还是用了这个术语，因为我们暂时还无法摆脱这一浪漫主义时代的诗意术语，这个时代认为直到几百年之后我们才能进入用科学术语思考的时代——如我所说，迈克尔逊发现光是一种以每秒光速 330372.380771 千米，每年 365 天，1 天有 24 小时，1 小时有 60 分钟，1 分钟有 60 秒钟，所以光用一年时间所走的距离就是

10418623400000 千米。人们将这个距离命名为"光年"，它就成了现代测量宇宙的标尺。

这样一来，大家都应该满意了吧。"光年"这个单位诞生之前，离我们最近的半人马星座与我们的距离是 25000000000000 英里。现在我们可以不假思索地说："半人马座？哦，没错，它离我们有 4.35 光年。近得都可以去旅行呢！"

不过，不要忘记天文学家对距离的探索欲是无穷无尽的。他们在 2 万—3 万光年的地方发现了一些小天体，然后进行了非常认真的探测。那些星云中的光点让人联想到显微镜下的微生物，他们发现这些天体距我们有 200 万—300 万光年之远。这样一来，连光年都显得很渺小了。

但是还有人能想出更好的办法吗？

我写这些并不是想向你们显示自己知识渊博，或者通过分期付款购买了大不列颠百科全书。我不过是在"永恒"这架乐器上弹奏几个音符，为本书下面的内容做好准备。

既然地球已经失去了宇宙中心的荣耀地位，有一些人认为人类自从直立行走之后赢得的尊严和荣誉也会随之消失，而且彻底走下宇宙历史的舞台。宇宙中有无数星球与地球的距离超过了百万光年，当人类意识到自己在大千世界中占据的只是微小的一部分时，会觉得上帝造人也没有什么值得骄傲的。人类开始对自己有了真正的认识——我们不过是比较聪明的动物而已。

然而，我们很快就会发现我们的观念不可能产生上述变化，因为自家院子着火可比遥远的红色的大星（直径640000000千米）上的火山喷发重要多了；汽车气缸发出的异常响声远比猎户座一等星参宿四即将灭亡的流言更能吸引人的注意。

发明简史：听房龙讲发明的故事

天文学家在孜孜不倦地探索着遥远的宇宙，而另外一些科学家则致力于分割微小的原子，他们发现了由无数只有 10^{-14} 毫米大小的颗粒组成的世界，这些颗粒分布均匀，做无规则运动，这一现象实在太怪异了。

在人类拥有真正强大的心理承受能力之前，还是把自己当作宇宙中心为好。

不过，这些自然发现还是在一定程度上影响到了人类对待生命的态度。这本书的主人公不同于古时的创世者，后者自始至终认为自己是上帝钦定的世界之主，对各种动物可以肆意屠杀，世界存在的目的就是满足他的欲望。

万事万物从他开始，也在他这里结束（这一观点他已保持了几千年），但是他的内心深处逐渐产生了怀疑。他怀疑也许根本不存在什么开始和结束，100 万年以前的"这里这时"与今天的"这里这时"及一亿年以后的

"这里这时"实际上没有任何区别。

他本以为自己是宇宙中最完美的生命形式，但是在那上亿的天体中如果找到了其他生命形式可以和自己做伴，那他也心甘情愿改变自己的看法。

总而言之，经历了数千年的兜兜转转，他再次鼓足勇气重温那句华丽而高尚的经典名言，这句话是对人们向往的生活进行的哲学概括：

任何一个人都属于人类自身，而不属于宇宙中那些与我们无关或者不值得关注的事物。

本书的主角在与生俱来的好奇心的驱使下，充分行使自己探究的权利，窥探每一个角落，钻研每一个领域，努力解释一切人类理智能够理解的现象的意义。人类在做这些事时，丝毫没有顾及任何人或事的权威，不断突破前人确立的真理边界，为我们未来的发展树立了一个又一个里程碑。

我们都是独特的存在，而宇宙只是不值一提的小卒。

如果他的研究获得了成功，那么他会告诉周围的人，但并不因此扬扬得意。如果遇到困难而暂时受到了挫折，他也会大方地承认自己的失败，并且让那些拥有更好设备的人继续尝试攻克这一难题。

最重要的是，他乐观、耐心，具有良好的韧性和幽默感。在探索未知的旅途上，他坚忍不拔、坚持不懈，只有在不得不为某件事分心的时候才会暂时停下来。他在卸下身上的担子时，并不会感到遗憾。因为他明白，生与死原本就是同一件事，只不过拥有不同的表现形式罢了；人生在世，最珍贵的就是向未知的生存之谜发出挑战的勇气。

我说的这些听起来可能有些复杂。不过，只要你认真地多读几遍，就会发现事实并没有你想象中的那么复杂。

这本书不适合那些诸事缠身的人，他们会觉得厌烦，不论是内容还是创作原因都会让他们感到诧异，他们会觉得，还是去电影院更有意思。

不过其他人应该已经猜测到我的目的了，不需要跟他们解释太多。他们清楚，我并没有彻底解决什么问题，不过我已经竭尽全力向他们讲解事情发生的经过了——因为只可能以这种方式发生。我试图向大家说明，为了将人类从暴政中解放出来，我们应该如何努力，因为地球在数千年来的暴政之下就像一个可怖的屠宰场。而暴政正是人类面对自己的偏见和无知时表现出的懦弱所导致的。

总之，那些被选中的为数不多的先驱者，想要完成伟大的事业就必须踏实工作、无私奉献。也许有读者已经猜到，我会在本书中歌颂那些先驱者。他们猜对了，可以说这正是我写作本书的原因。

H.W. 房龙

目录
Contents

第一章

人类就是发明者

天气晴朗的一天，一小块尘埃离开了古老的太阳母亲，开始独立生活。

　　在广袤的太空中，这件事没有引起任何风浪，因为这个新来者实在太微不足道了，那些宇宙中遥远的老资格星球，压根儿没发现这位小兄弟。除非那些星球上的居民拥有比我们天文台中的望远镜更先进的设备，不过这好像不太可能。

　　不过我们还是不要纠结于那些负面的东西吧，因为不管我们说什么和做什么，我们都是这颗小星星上的囚徒。不管我们是否喜欢，它就是我们的家园，而且日后很长时间内也会是这样。

我的意思并不是说我们永远不会进入太空，或者偶尔涉足太空中的其他地方。然而，不能保证那些星球都适合人类永久居住。也许这些星球根本不能居住（太阳系中的大部分星球是这样），也许这些星球上已经产生了自己的生命，总之它们肯定要比我们这座空中监狱更加古老。在一个早于地球一两百万年产生文明的地方，我们肯定是格格不入的。

我想到了一件让我疑惑了很久的事。

那就是人们为什么喜欢侦探小说？

普遍的答案是"人们喜欢那些谜团"或者"喜欢从蛛丝马迹推理出一系列证据"。

我认为，可能就是这样。但是我又想，为什么研究地质学的人并不多呢？要知道，我们这个星球的历史就是一系列引人入胜的谜团。如今我们只得到了其中几个的答案，还有很多秘密拒绝揭露自己的答案。不过实际上，这各式各样的谜团中，每一个都有自己的线索。

古人已经明白了这一点。他们努力让他们的家园——岩石和平原——吐露出人类起源和上古时期的秘密，这些都非常重要。然而，他们的后代——卑下的中世纪人——虽然骁勇善战，却是理性王国中的懦夫。他们对古书上的东西完全地接受，从不提出疑问。对于他们来说，对自己居住的星球的好奇等于是对上帝的亵渎。

如今，中世纪已经进入了历史博物馆。一两万年之后，我们费力趴在其上的这片土地就会像阿司匹林和南瓜饼一样没有秘密。

也许"万年"和"十万年"的尺度太庞大了，随随便便就是几个世纪。但事实就是这样，因为最新的史前发现把我们所谓的"历史"又向前推进了四倍，此处

"历史"的普遍定义为"对过去时间的连续而清晰的记录"。而且，认识到世间万物都拥有古老的历史这一点有益于我们的心灵，会让我们更加谦逊和有耐心。如果我们知道，我们的祖先单单学会直立行走就用了50万年左右的时间，那么当我们的同代人没能按计划快速解决某个难题时，我们就会更加宽容，正好还能给我们一个台阶下。我们不会再高估自己的重要性，只是稍微有些自大——人类比大多数生物出现的时间要晚很多——宇宙的主宰实际上只不过昨天才被允许走进门来。

关于大自然到底是如何一步一步发展到现在的，还有许多细节不为人所知，不过对此我们已经了解了大概。

一切开始于地球外壳的逐渐冷却，达到了适合生命存在的环境。最初繁荣兴旺的是各种各样的植物和常年在水下生活的没有眼睛的甲壳动物，它们是当之无愧的地球之主。

我们知道，那些一直在海里生活的生物后来演化为供人食用的鱼；还有一些生物逐渐进化出了翅膀，成为鸟类的祖先。还有一些动物与现代的蜥蜴和蛇同类，它们分布很广，在很长一段时间里，爬行动物似乎要永远统治地球了。那时候（忘掉历史书上的时间吧，几百万年前在永恒的时间中只不过是短短的一瞬），气候温暖湿润，很适合巨型动物的生存繁衍，无论是在水中还是在陆地，都生存着很多身材庞大、动作迟缓的巨型动物。

我们还知道，当时的空气、水和陆地条件都很适合那些有 40—60 英尺高的巨兽生存。当时，这些拥有像船舱一样大的胃的动物生存在世界各地。

当时的地球统治者是怎样灭绝的？生存到今天的为什么只有它们的微型版本呢？直到几年前，我们还不知道答案。而现在，我们最起码已经知道是复杂而又相互关联的多个原因导致的。"物极必反"这条主宰万物的定律也与之密切相关。

现代军事领域也发生着与此类似的事。人类以维护和平和安宁的名义不断扩充军备，世界上所有善意和国家联盟都没有这件事的一半重要。战争机器越来越复杂繁重，用不了多久就会由于数量过于庞大而无法飞行、游泳和奔跑，甚至不能行走。它步履蹒跚，气喘吁吁，像一辆陷在泥中的卡车。

那些巨型生物就经历了这样的过程，如今它们的骨骼化石还在博物馆大大的展柜上冲着我们龇牙。

这些动物的身材和防护器官不断加强，最后导致自己没办法在陆地上行走，也没办法在水里游，只能在长满芦苇和海草的泥潭中跋涉。当时的地球上到处都是这种地貌。

这样一来，当气候改变时（当时要比现在更容易出现剧烈的气候变化，因为现在陆地和海洋的比例更均

我们在地球上生存，而且可能要长久生存下去。

衡），这些动作缓慢、四肢发达、头脑简单的巨兽既不能入海，又不能适应陆地上的新环境，所以它们彻底地灭绝了。蜥蜴类动物统治了地球数百万年，却没有一种活到哺乳动物和人类出现之时。

这就是我们所了解到的情况，不过可能这并不是历史的全貌——是否还有其他看待问题的角度，某一个我们还没有意识到的全新角度，但也同样可以解释它们的灭亡原因。

对于所有的生物——无论是细菌还是驴子——来说，气候变化都会对它们的生存环境产生很大影响，可以让它们从天堂落入地狱。

当然，除非气候变化的剧烈程度会导致毁灭性灾难，否则不一定会导致致命后果。这和经济危机非常相似，那些遭殃的都是没有准备的。而提前准备了自卫措施的生物，就可以安全渡过灾难，得以存活。

上述内容让我有机会开始介绍本文真正的英雄人物，而抛开那些艰深的哲学推理，因为作者讲得口若悬河，读者看起来却枯燥难懂。

天啊！这种生物第一次出现的时候，一点英雄的样子都没有，根本就像眼神忧伤地生活在动物园笼子里的猩猩或狒狒一样。

这并不是说人类是从长得像人的猿进化而来，抑或人类是世界上比较高级的猩猩，而且以自己不幸的祖先为耻。这样一来，人类的演化问题就太简单了。

然而，从现有的切实资料来看，猩猩、狒狒和人类在几百万年前拥有一个共同祖先。家族中一部分成员进化到了更高阶段，而其他分支则仍然停留在猛犸象时代的阶段。那些如洞穴熊一般体形庞大、缓慢笨拙、步履蹒跚的动物，住在原始森林阴暗潮湿的巢穴中。有时候，它们会被抓进笼子，让它们生活在城市里的亲戚欣

山顶上的袖珍博物馆

赏，这好像是一个警示：那些愚笨、懒惰、无能、没有上进心的家伙，彻底失去了于己有利的机会。

而人类从软弱无能、长着尾巴的四足动物进化为没有尾巴、双脚走路的世界之主的过程是很短暂的，虽然现在我们并不会由于为了满足好奇心而进行的科学研究而遭到火刑，但我们对这个伟大进化过程的细节了解得并不多。

人类的祖先是在何时鼓足勇气解放双手，下定决心摆脱纯粹的动物式生活的，对此我们已经有了很多研究，了解到了一个大概情况。

当类人猿在地球上处于统治地位的时候，地球上的气候温暖稳定，地表上水的面积要比现在大很多，除了小块被森林覆盖的陆地，其他地方都被水覆盖。各种各样的猿类生活在森林中，栖息在树上，他们擅长"耍杂耍"，精准的远距离跳跃能力保证了他们的安全。他们变得如此灵活轻巧也是环境所迫，不然的话就会被天敌吃掉。

要是一切都顺其自然地发展下去的话，如今的世界还是当时的世界，类人猿应该像之前巨大的爬行动物和哺乳动物一样，理所当然地成为这颗星球的主宰。

然而大约 1000 万年前，地球上发生了另一场变化，地球上的水域面积缩小了，而陆地面积增加了，与此同时气温变低，空气也更加干燥。这些变化导致了一个结果，那就是不再适宜植物的生存，不久（当然也要几万年）之后，自古以来就覆盖着茂密森林的陆地开始出现一片片空地。最终，森林变成了被草原和雪山包围的"孤岛"。

这时候，我们的祖先迎来了属于自己的机会。

正是在那时，他们的生活变得更加轻松，可以很快地在森林之间迁徙，这时他们终于摆脱了旧的迁徙方式，变得像脱轨的火车一样无法控制。

还有一件事使环境更加恶劣，那就是不断上升的山脊变成了一道道屏障，将地球分成了不同的大陆板块，除了鸟类、部分昆虫和蝴蝶以外，其他动物的移动都受到了限制。

适者生存的法则在这种条件下起到了重要的作用。很明显，大部分类人猿在这个法则之下屈服了。可那些智慧较高的族群则与大自然进行着不懈的斗争。他们凭借自己的头脑——这种自己能够掌握的武器去斗争。

那时，我们的种族经历了最严重的危机；那时，人类的命运被彻底确定下来；那时，我们的祖先成了最早的发明家。

如今，我们在现代语境下谈论"发明"时，往往指的是飞行器、无线电和各种电器。不过我要讲的是与之完全不同的另一种发明，是最基础、最原始的发明。使

老祖宗费尽心思进行各种发明。

人惊讶的是，只有一种哺乳动物能进行这种发明，而且这种发明可以保证其发明者在其他生物灭绝时得以留存，还可以让其后代保持不可动摇的绝对优势。除非人由于自己的贪婪和愚蠢继续横征暴敛、征战杀伐，在野外猎杀自己的同胞，却任由某些特别勤劳而且繁殖能力强的虫豸将自己的家产吃光。

讲到这里，肯定有人会问我"动物的发明能力如何？有一些鸟类、鱼类、马蜂不是发明了自己的巢穴吗？河狸不是修建水坝修得和人类一样好的建筑师吗？蜘蛛不是能织造足以震慑猎物的捕猎工具吗？还有很多昆虫会挖捕猎的陷阱，这些都是怎么回事呢？"等类似的问题。

　　对此，我只能回答"没错"。"发明"这件事并不是仅属于动物王国中的人类的特殊能力，其他一些竞争对手也可以"发明"。不过，普通动物的发明和人类的发明不可同日而语。

　　普通动物只拥有某一种技能，此外再也没有新的创意。这一种技能好像已经用掉了它们全部的想象力。从此之后，它们在一生中不过是在单调、机械地不断重复而已。

　　动物们在 1928 年修建的巢和网，与它们在公元前

1928 万年修建的没有任何区别。要是让它们继续活下去——当然这并不一定——从今起 1928 万年之后，它们修建的巢和网与现在还是不会有任何差别。它们的"发明"只不过是获取食物的一种方式，如果它们被抓住养起来，就会停止修建工作，而轻松悠闲地享用饲养者提供的食物。而人类似乎很早以前就认识到，生活不能仅仅满足于吃饱喝足，必须有足够的闲暇让他们从事精神活动，而想要获得闲暇就必须从繁重单调的劳作中解放出来；而想要从繁重单调的劳作中解放出来则有赖于各种各样的"发明"。人类天生具有的可以不断增强和扩展的本能是这些发明的基础，虽然这种本能数量有限而且最初并不强大。

　　这个句子很长，不过这会是本书中的最后一个长句，而且这个句子必须很长。当我们在讨论生存这种根本问题时，不能像讨论天气和选举那样随意。观点越重要，需要的句子就越长。而且如果你理解了我在这里讲的内容，本书其他部分的内容你就会更容易理解了，多读几遍前面的几百字对你来说很有好处。

我们现在了解的人类，最开始就有一个很大的优势。他们的祖先因为在树枝间生存，所以在其他动物深陷困境之前，就已经被迫锻炼出了灵活、果决的头脑。而其他动物还在靠强力进行对抗。类人猿凭借灵巧的四肢和发达的头脑使自己得以保全，与那些能够击碎大树的强牙利爪斗争。

随着原来的栖息地逐渐消失，这些动物的生存方式被迫发生改变。他们的手脚已经拥有了许多厉害的技能，用后腿支撑身体站立对他们来说已经不再困难。而且他们的前肢能够在灌木和芦苇丛中支撑身体移动，为了觅食他们现在必须如此。

最后，他们发现茂密的树林和草丛彻底消失了，自己完全暴露在了平原之上。这时，他们已经不再是住在树上的动物，而成了一种全新的生物，一种很快掌握了一种新技能的生物——那就是不凭借外力完全靠后肢直立行走。这样一来，前肢就从辅助移动的工作中得到了解放，可以做出"握""拿""撕"等动作。而此前，这些动作只能由颌上的利齿来完成，而且非常笨拙，效果也不尽如人意。

这就在进化之旅上迈出了第一步，而且为第二步打好了基础。这就是本书的主要内容，也就是我们的四肢、眼睛、耳朵和嘴巴的能力不断得到增强的过程，还有我们皮肤的耐受能力逐渐强化的过程。以上这些过程奠定了我们在动物界的优势地位，使我们成为地球上当之无愧的主宰者。而这颗星球对我们来说，既是家园，又是囚笼。

但事情到这里并没有结束。我们的祖先陷入了一个困境：如果维持现状，就会走向灭亡；而继续改进就还有生存的机会。这时，他们在大自然的又一次帮助下做出了选择。气候变化使地球上的森林面积和水域面积进一步减少，山脉越来越高（也许还存在没被发现的其他原因），地球上的温度骤降，"冰川期"再次来临。此前，每过一段时间，南北半球就会被厚厚的冰层覆盖，一切

随着森林被蚕食，类人猿改变生存方式迫在眉睫。

动植物都被逼到赤道两侧的狭长区域中。

万事万物都有天生的惰性，现代人（现代化的机械文明导致了单调无聊，只有工作才能摆脱这种无聊）经常忽略这一点。如果生存是生物的主要目的，那么为了达成这一目的，它们会使出浑身解数。而如果这一目的已经完成，那么所有动物、植物，包括珊瑚都会追求安逸的生活而不再奔波劳碌。不管是狮子、老鼠还是虾，只要它们能够享受安宁惬意的休闲生活，没有谁会愿意去工作。如果不是受到严酷的生存环境的胁迫，人类是不可能取得现在这样巨大的成就的。因为在过去那漫长的历史中，地球上只有 1/8 左右的面积适宜居住。

这一期间，在从四面八方袭来的冰川的压迫下，人类加快了前进的步伐，在各个领域中都取得了空前绝后的成就。这一期间，一年之中夏天缩短到几天，从北极地区到阿尔卑斯山都被白雪覆盖。

"逆境出人才"这句谚语人所共知，意思是说逆境是最好的学校。从结果上来看，"冰川学校"是人类上过的最好的学校，并且在其中获得了优异的成绩。

冰川学校的第一课就是："如果你不竭尽所能开发大脑，那么你就会灭亡。"

在那段难忘的历史中，我们的祖先不过是卑贱的野兽、散发臭味的野蛮人，和其他动物没有什么两样。我们理应体谅他们的难处，因为他们在面对这场实力悬殊的战斗时，表现英勇，意志坚定，克服了今天都很难克服的困难，终于坚持到最后取得了胜利。

那么，人类是怎样通过强化自己手、脚和眼睛的潜能来做出这些成就的呢？这就是接下来我要给你们讲述的。

第二章

从兽皮到高耸入云

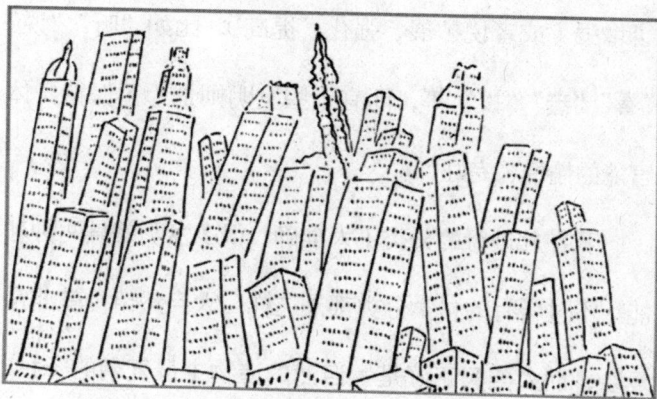

过去人类的所有发明创造都是为了一个目的——努力使人类在一生中付出的努力最少而获得的幸福最大。

然而一些发明只不过是使某些身体器官的技能得到了增强（或者说扩展、强化、提高），比如"听""说""看""走""投"等，而有一些发明则是为了保持身体官能的愉悦、完好。

我在此进行的分类不太准确，很多发明兼具两种功能。不过所有的科学分类都是这样。大自然自身就非常复杂，而人类又正好是大自然的造物中最复杂的一种。

因此任何与人类及其欲望或成就有关的事物都是非常复杂的。

我认为有义务向你说明这点，因为如果你对分类很感兴趣的话，就会发现本书中很多东西会惹你生气，那你最好去看植物学手册或者时刻表，因为它们肯定是非常精准的。

就拿与人类皮肤有关的发明来说，到底属于有关生存的第一类，还是属于有关"保持和修护"的第二类呢？实际上我也不知道。不过我还是决定在本书中写一写它们。我们可能会想当然地认为它们属于第二类发明，是为了保持和修护。可最初它们在避免人类灭绝方面起到了超过其他手段的作用，所以我要把它们纳入本书的内容。

下面就让我们开始吧。

最初，动物们的身体都完全裸露在外。无论是怎样的严寒，动物们都没有想过利用死去的同伴的皮来制作一个保温层来增强皮肤的保温能力，从而抵挡狂风暴雪。在遭遇暴风或冰雹时，这些动物就会躲到岩石中，这就是它们最聪明的行为了。

感到冷的时候穿件外套，这个想法简直再简单不过了，我们甚至意识不到居然有人不明白这一点：只要披上一层来自动植物的物质——不论是死去动物的皮毛、麻织外套、毛毯，还是用草和树叶织成的斗篷——就可以在气温骤降时保持身体的温暖。

然而，在这本书中你会看到，那些最简单的发明往往是最后才想出来的，无数智者孜孜不倦地利用自己的聪明才智，发明出最简易的设备，并付诸实践应用。

诚然，那些前进道路上的真正先驱者的名字是不为人知的。但肯定有第一个穿着熊皮或牛皮外出的人，就像现代肯定有第一个打电话的人和第一个聆听手写电报

披着毛皮的古人

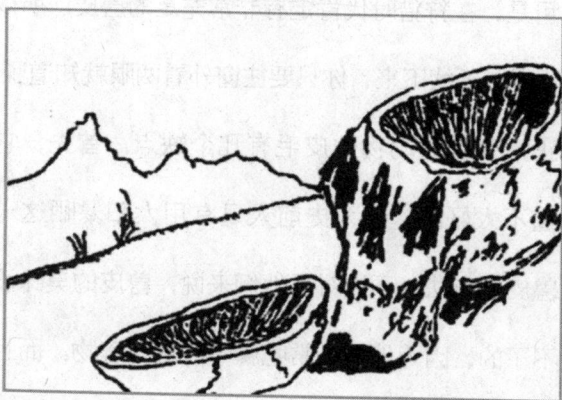

那些最简单的发明往往是最后才想出来的，无数智者孜孜不倦地利用自己的聪明才智，发明出最简易的设备，并付诸实践应用。

微弱声响的人。而且可以确定的是，与第一个驾着不用马拉的车行驶在第五大道上的人相比，那第一个穿外套出现的人所引起的轰动更大。

他很有可能被暴打一顿，甚至被杀，人们会将他看作可怕的巫师，认为他试图忤逆神的意志。因为神在创世之初就已经设计好，人在冬天必遭受严寒，夏天必遭受酷暑。

可是，在狩猎时代肯定有非常充足的兽皮。所以这种发明得以延续下来，你只要往窗外看两眼就知道了。

正常死亡的动物的皮毛有几个缺点。首先，它们的味道不太好闻，因为史前人只有用太阳暴晒这一种处理兽皮的方法。不过对于他们来说，兽皮的臭味没什么大不了的，因为他们经常吃腐烂的剩余食物。而且兽皮很容易裂，也并不适合人类的身材，容易漏风，在狂风暴雨或者下大雪的时候，它们就完全不管用了。于是那些好奇心很强的人（唯一值得称赞的为人类做出贡献的人）会自言自语："看起来还好啊。不过我们还能找到一些比兽皮更舒适的东西来代替它吗？"他们便开始工作，发现了一些"同样好"的东西，这些东西在人类发展历史上产生了重要作用。这就是所谓的"棉""毛""麻""丝"等，它们都是从亚洲来到美国的。

你可能会抗议，说在这几页书中，"似乎""可能"这类词用得太过频繁，好像我得出的结论缺乏科学支撑。你说得大体上也没错。我好像在一间黑房子中努力解答一道难题。在五六十年前，关于史前史我们还一无所知。我们说："亚伯拉罕离开乌尔是文明的起点。"让我们再大胆地回到 2000 年前，那时候我们会说："埃及人、巴比伦（Babylon）人就是文明的起源。"

我们当然知道中国的历史要远比西亚和北非的历史更久远。可中国是一个信仰其他宗教的遥远国度，所以我们很少提到中国，只有正好写到鸦片战争或者八国联军侵略北京时，才会用很少的笔墨写一写。

但一些人逐渐得出结论，这一结论虽然很荒谬——历史开始于公元前 4000 年或公元前 2000 年的某一天！他们在丹麦的旧物堆里搜集；他们点着蜡烛在法国南部和西班牙北部的洞穴中考察；他们从收废品的人手里抢救下在奥地利和德国出土的奇形怪状的雕塑和破碎头骨。当他们搜集到丰富而有意义的材料之后，才被迫承认冰河时代的那些被轻视的祖先并没有我们想象中那样愚昧和野蛮。埃及文明和巴比伦文明只是以前文化的继承者，它们被过誉了。这一更早期的文化是其他族群创造的，这一族群早在金字塔出现的几千年前就已经消失了。

如今，如果真像某位学识渊博的教授所宣称的那样，解开法国南部山洞周围的神秘铭文的线索已经被我们发现，那么有文字记载的人类历史最少又可以向前推进 10000 年。我们应该说 15000 年的人类进步史，而不是 5000 年。

不过，我必须再次强调，对这一领域知识的研究实际上还没有正式开始，我们对公元前 15000 年的欧洲和亚洲的了解，就像我们对海底的认识一样知之甚少。

任何有理智的人都知道，获得对海底的完整认识只是时间早晚的问题，对于史前史的了解也是一样。如果有足够多并且态度严谨的学者，再有几年和平（狂轰滥炸对于装满陶罐、陶盘的密室来说可不太友好），我们对于生活在最近的冰川时期的人类的了解，肯定不比对亚述的提格拉 - 帕拉萨王的了解少。

比如说，一些史前绘画（我们的祖先中有一些卓越的艺术家）告诉我们，当时的人类已经开始用死去动物的皮制作衣服。但对于这种粗加工的兽皮具体是在什么时候变成了常见的皮革，我们还不清楚。不过，我们只要对手头已掌握的环境资料进行研究，再加上常识判断，这个问题也不难解决。

使兽皮变成皮革采用的是"鞣革"技术。"鞣革"在字典中的解释是"用鞣酸浸泡，或者用矿物盐将生皮制成皮革的过程"。

下一个问题是："古代哪一个民族最擅长用矿物盐鞣制皮革？"答案则是："埃及人。由于宗教信仰，他们想尽一切办法保存死者的尸体，所以他们在其他民族还根本没有意识到这一点的时候，就拥有了防止尸体腐烂的完善制作技术。"

我们在尼罗河谷附近发现，埃及人掌握制皮技术的时间比所有古代民族都早几百年。底比斯国王墓中发现的最早的绘画中就已经出现了制鞋铺（所有人都认为那看上去和现代城市中的临时建筑十分类似）。

鞣革技术从埃及传播到了希腊。不过希腊人更加精致。哲学家讨论哲学问题的时候穿着毛制束腰外衣和皮上衣一样舒服，甚至更舒服。所以，制皮业在希腊没有得到太大发展，就传播到了罗马。在罗马，有一半的人都是士兵，他们需要结实的皮鞋、头盔带和盔甲。这些都要用牛皮或羊皮制作，而且这些兽皮需要经过充分处理，才能经受住撒哈拉沙漠的炎热和苏格兰的潮湿。

与此同时，埃及还发展出了非常完善的皮革代替品。在尼罗河、底格里斯河和幼发拉底河的河谷地区，人们需要对抗的是炎热而非寒冷。所以，这里的居民并不需要驴皮或羊皮的衣服，而是很早之前就在努力寻找更凉快的衣物了。数千年来，他们尝试用各种草叶和树叶制作各式各样的衣服，最终发现亚麻秆最适合进行纺织。

人们普遍认为，在电报和报纸发明之前，世界这一边的人对另一边的人一无所知。实际上正相反，无论是电报还是报纸，既可以传播正确的信息，也可以散播错误的信息。大约一万年前，住在西伯利亚洼地中的帐篷里捕猎猛犸象的人，不会知道多尔多涅穴居者中的贵族吃什么晚餐，也不会知道瑞士湖畔的人秋天穿什么衣服。但无论何时，只要发生了重大事件，或者出现了能增强人类征服自然能力的重大发明，中国人、克里特岛人和大西洋沿岸的人知道的速度是一样快的。当然，我并不是说所有得知这些信息的人都能充分地利用它们。如今情况也是一样，漠视、无知和对未知的恐惧，阻碍着理性的进步。然而，要是出现了某项可以造福全人类的发明，就会以令人吃惊的速度传播开来，洞穴或者墓葬中的发现已经证明了这点。

若非如此，在尼罗河谷种植亚麻的同一个时期，瑞士湖畔就不可能也发现亚麻种植遗迹。因为这两个人类居住地的环境距离甚远。然而，人类最开始是在什么时候种植亚麻的，我们同样也无从知晓。关于棉花的情况也一样。最开始棉花出现在波斯，几年后两河流域就有了它的踪迹。

希罗多德记载，棉花起源于印度，但由于它的种植和采摘过程过于复杂，它没能像亚麻或羊毛那样普及，所以没有被大众选为兽皮的替代品。现代人认为这耳熟能详，然而从另一方面来说，这个问题古老得像山脉一样，可以追溯到石器时代后半期。

最开始并不需要"批量生产"。冰川时期的人类一直处在迁徙中。他们的饮食和居住条件很差，甚至还不如 1928 年时住在贫民窟里的穷人。在潮湿的山洞里、河床下发现的头骨中，许多留有曾经患有痛苦的疾病的痕迹。人长期睡在潮湿的环境中，就会患这种病，这种病使他们活不到 40 岁。

当时的婴儿死亡率和沙皇俄国时期差不多高——超过 50%。如果经历一个漫长的寒冬，整个村庄的人都有可能死去，这种情况现在还存在于阿拉斯加州原住民和加拿大北部的一部分美洲原住民中。因此生存下来的人口数量很少。而尼罗河和幼发拉底河流域的粮食生产改变了一切。从此以后，人类可以尽情繁殖，人口数量迅速增长，人类过上了定居生活。城市逐渐形成，而城市中的居民急需价格便宜、数量充足的衣服。

解决这个问题的方法就是毛纺织业。第一个制作出羊毛服装的人应该是一位农民，他最先意识到可以饲养"绵羊"这种可怜的动物，俄国人称之为"欧维斯"（ovis）。第一位牧羊人一定是中亚山脉中的居民。因为毛纺织业起源于突厥斯坦，然后逐渐向西传播，经过希腊和罗马抵达大不列颠群岛。大不列颠群岛在长达一千多年的时间里都是世界上最大的羊毛产区，他们将这一项出口的经济优势当作大棒，迫使周边的邻国屈服。

由于其他国家都需要从英国进口羊毛原材料（人们发现羊毛后的很长一段时间里，美国也是这样）。英国人深知自己的优势，所以他们充分利用这一垄断地位。其他国家也是一样，一旦对某种商品形成了垄断，就会利用这一点来压制其他国家。

中世纪的歌谣和史诗中，经常深情地歌颂纺线织布，我们不能忽视一点：长着毛的无辜羊羔就和50个钻井矿山或油井一样，曾引发多起流血事件。

与此相反，另外一种皮革替代品与羊毛有着不同的历史，它的出身更加低贱。那就是由一种学名叫作中国种桑蚕的可怜虫子吐出的丝。

蚕丝必然出现在热衷名利的人们中间，因为人这种动物既懒惰又虚荣，一个人不管自己钱包里有多少钱，也没有炫耀华丽、珍贵的服装更能引人忌妒。世界上的所有人都穿麻制或羊毛服装，如果自己也和他们穿得一样就太无趣了。可怜的富人背负着巨大压力，如果找不到一种全新的昂贵而又保暖的衣服，他们就不得不赤身裸体了。

当时，蚕这种中国昆虫拯救了他们。因为在过去那个时候，蚕丝的价值与同等重量的黄金同价，真可谓一寸蚕丝一寸金。

蚕的故乡是亚洲，它诞生于遥远的东亚一角。中国人最早发现了它的美学价值和对文明的作用，并对自己的这一发现十分自豪，宣称蚕是神创造的。传说，在摩西之前1000年，有一位著名的部落首领黄帝，他的妻子——美丽勤劳的嫘祖——是最早研究这种有名的小虫的人。季节适宜的时候，它们的腺体就会吐出1000码（1码=0.9144米）左右的丝，把自己织进一个封闭的茧中。

中华民族非常感激嫘祖做出的贡献，对这一发明十

蚕的故乡是亚洲。

分珍惜，把制作蚕丝当作一个神圣的秘密保护起来。中国人将这个秘密保守了 2000 多年，直到日本派出的朝鲜商队来到这个神圣的国度，诱使几个中国女子远走日本，并最终把高贵的制丝技术传给了日本人。

不久之后，一位中国公主把桑树种和蚕卵藏在丝制头饰中，偷偷从中国带到了印度，从此蚕就开始了自己伟大的西进之旅。

亚历山大大帝在著名的东征途中一定听说过这种虫子。亚里士多德也提到了这种昆虫。之后的几百年中，只要自己的丈夫承担得起那些精美的奢侈品，罗马追求时髦的贵妇人就总是穿丝绸服装。

然而，6世纪以前，丝绸还是十分稀有珍贵，和现在的白金一样。6世纪末，两个波斯僧侣把一窝蚕藏在竹筒中通过了中国哨卡，偷运了出来。他们非常得意地将这违禁品献给了君士坦丁堡的东罗马帝国皇帝，从而使君士坦丁堡一跃成为欧洲丝绸业的中心。

法兰克入侵这座圣城时，把偷来的丝绸装了一箱又一箱。丝绸在被中国人发明3000年后，以这种方式传播到了西欧地区。尽管如此，在当时的欧洲，丝绸仍然是不同寻常的奢侈品。要是勃艮第亲王的女儿嫁人时能有"一双真丝长袜"作为陪嫁，也是相当值得骄傲的。

就算在 600 年之后，约瑟芬皇后这样愚蠢又虚荣的女人还差点因此害自己的丈夫破产——拿破仑在出征欧洲时，购买了许多长筒丝袜。

如果每个女人都开始打扮得像法国皇后一样，就说明这种情况快结束了。从那时候开始，全世界的桑蚕丝都不足以供应新兴工业民生的需要。于是喜欢帮助他人的化学家就应邀前来解决这个问题。他们展开工作，很快就找到了一种可以让我们高兴的人造丝，所用的原材料和如今的造纸材料相同。虽然这种丝质量很差也不耐用，但是在流行迅速转换的时代，没人在乎这一点。如今，女人们穿着用木头制成的漂亮服装走在大街上。

关于用来代替远古祖先们的兽皮的各种材质的介绍，就先到这里为止。这些替代品在价格、质地和制造工艺上都有很大的差别。但奇怪的是，从第一个人为了让自己的皮肤更加舒适而剥下马皮做衣服开始，我们所

用来代替远古祖先们的兽皮的各种材质

穿的衣服所隐含的基本思想一直都没有改变。

但是，最近人们注意到高空飞行员在飞行时会遭受极度的寒冷，于是便发明了通过内置小块电池保持恒温的"飞行服"。

要是能发明出可以放在口袋中随身携带的更小的电池，那么下一场服装工业的革命可能在 50 年内就会到来。到那时，我们无须借他人的外套来穿，而是可以到朋友家里，请他帮我们的衣服充电，我们自己则可以在他家的电壁炉旁边抽雪茄。

现在看来，这种想象有些过于荒诞，但当我还年轻的时候，要是有人说1928年每个人都可以开着私家车在街上行驶，肯定会遭到人们的嘲笑。那么为什么不可以想象一个没有外套的时代呢？那时我们就可以不用费劲搬运牛皮或熊皮，也可以彻底摆脱令人无法容忍的衣帽间强盗了。

这看起来似乎不太可能。

但也许很快就会实现了。

接下来要说的也是与人类增强皮肤抵抗能力密切相关的发明，不过和前面所说的发明性质不同。

简单来说，这种发明可以帮人类抵挡严寒酷暑，但这种解释并不完整。这种兽皮的替代品就是房屋，它在建造的时候受到了其他因素的影响。其中最主要的因素是哺乳动物照顾后代所拥有的时间比其他动物都长。为此，他们需要一个至少能够待两三个月的安全住所，好让后代从父母那里学习一些基本生存技能，直到他们年龄够大、身体够强壮，可以独自生活为止。

一开始，他们把树洞或者河床上流水冲击形成的洞当作房屋。当洪水退去，河水流进狭窄的河床中，水面降低了三四十英尺，河床上的洞便暴露出来，可供居住了。不过，这种原始房屋的环境并不太宜人，洞中栖息着无数蝙蝠，阳光也很少光顾。更倒霉的是，牙齿如弯刀一般的剑齿虎与巨熊——如今这些动物已经灭绝——认为这些洞穴理应是自己的地盘。从洞中泥土下挖掘出的人类与动物骸骨讲述着当时的可怕场景——一场为了争夺居住权而进行的残酷战争，可现在，我们养猪都不会选择那样的地方。

所以，人类并没有在洞穴中住太久。一部分洞穴被当作祭拜的场所，当人们发现了洞穴的替代品时，用现代语言来说，就是当人们发现可以建造"房屋"的时候，大部分洞穴就被弃之不用了。

此后，人类在寻找可以抵御寒暑的替代品时，发明了许多奇奇怪怪的建筑。有的地方，人们用冰块建房子；而另一个地方，人们则用树枝编成房子，上面用草和树

如今这种房子在世界上很多地区仍然可以看到，广泛存在于河流和湖泊较多的热带地区。

叶覆盖。

坡屋是最原始的房屋。最开始这种单坡屋顶的房子是供狩猎人在晚上临时居住用的，从而保存了下来，也是南美洲和澳大利亚文明程度较低的土著人唯一的房屋形式。

然后是用烘干的泥巴制成的房屋，房顶上覆盖着稻草。再然后是简陋的木结构房屋。这种房子后来发展成干栏式建筑，如今这种房子在世界上很多地区仍然可以看到，广泛存在于河流和湖泊较多的热带地区。

以前，人们认为这种"踩着高跷"的干栏式建筑，是为了安全才建成这样的。此外，还有另外一个原因，那就是让人们接近水源。希望自身及衣服、环境保持干净清洁是人产生自尊体面（这象征着文明的开始）之感的第一个标志。欧洲人常常嘲笑美国人的房子里必须有浴室和下水道。当然，这也许是因为美国人在这方面表现得太夸张了些。虽然雅典的大街上由猪负责清理垃圾，但雅典还是一个很不错的城市。而中世纪的巴黎也没有花太多时间和金钱在卫生设备上，但仍在科学和艺术领域取得了辉煌成就。即便如此，如果其他条件相同，那些以后院整洁而自豪的人，肯定比与粪肥同处一室的人住得要舒适很多。

这一点 2000 年前的人们也明白，于是那些更爱清洁的人就把房子建造在离岸边 50—100 英尺的地方。上方的屋顶可以遮挡日晒雨淋，而下面的河水则可以倾倒垃圾，水中的鱼儿则可以扮演清洁员的角色——多么理想的组合。

这与之前的房屋相比已经取得了很大的进步。然而，为了安全起见，人们必须住在同一个屋檐下。当生存问题已经初步解决时，人们又走出了第二步，那就是发现了隐私在精神方面的魅力和好处。

隐私是人类最大的美德之一，但不幸的它是极为珍稀的奢侈品，只有富豪才能享用。但是，当某个家庭或国家足够富足之后，就会马上要求独处的权利。于是可以使人单独居住的房子就出现了。

　　由于足够富足，人们不需要共用同一栋房屋，就和我们不想共用对方的外套和牙刷一样。在古罗马，有时候某些地方会聚集太多的奴隶，经济实用的棚户房便顺应而生。穷苦的农民离开遭受战乱的村庄，本想到城市中过上好一些的生活。可罗马人认为让这些农民住在黑乎乎的土房子中就很仁慈了。不过农民们根本就不喜欢那些阴暗逼仄的房子，更不可能在贫民窟里扎根。一旦有机会，他们就会马上回到自己独门独户的房屋里。

　　中世纪，欧洲的某些地区非常尊重个人住宅，"我的房子就是我的城堡"所言非虚。这是被写入很多宪章中的政治主张。

不过，在现代社会，我们又在可以带来巨大利润的煤井口或港口附近建起了一座座厂房，逼迫人们又回到了原始人的穴居方式，要知道这种居住方式早就因为与人的尊严不符而被淘汰了。结果，西方城市成了一层层人造皮肤的堆积物，完全忽视了神圣的个人隐私权，每个普通人的独处空间和罐头里的沙丁鱼一样大。

幸运的是，世界在发生巨变。所有地方的人都在

人类生活得太辛苦了，就像蚂蚁一样。

公开抵抗，说人类生活得太辛苦了，就像蚂蚁一样。大部分家庭生活困顿，只能住在石头或木头建成的五层楼里的一两个房间中，不得不和垂直方向上的几百个邻居共享睡觉和吃饭的地方。而那些有条件的人发明了一种新的居住方式，比自己的祖先优越许多，他们像鸟儿一样迁徙。他们有两种住所。一种在亚热带地区，寒冬时他们在那里躲避凛冽的北风。另一种则位于北方的森林中，他们在那里避开炎热的夏天。盛夏时节，城市中被高楼大厦包围的街道会在酷暑中变成地狱一般。

现在看来，所有人都随着季节变换而不断迁徙还只是个梦想。但在美国，这么做的人越来越多，使这个梦想实现的速度越来越快。

对于生活在一万年后的后代们来说，20世纪的我们在居住方面仍然处于湖居和穴居时代，因为纽约和芝加哥那些石头和钢铁堆成的废墟会让他们以为这里是在石器时代晚期建成的。

找到能够遮风挡雨的住所简单，但保持住所的温暖却并不容易。

所以，当人类发明了房屋之后，很快就发明了火——用来保暖的方法。最早的保暖方式是户外的篝火，这种方式流传至今，不过更多的是用作装饰。在1928年的今天，它和在古代一样并不舒适。在古代人们除了取暖之外，还可以用它来做饭，比如烤猛犸象排，不过很容易烧到脚趾，背后却根本感受不到火的温度。

从斯堪的纳维亚早期部落的粗糙火炉可以看出，当时的人们已经在寻找比木头更实用的烧火材料了。

不幸的是，埃及人和巴比伦人这些古代最聪明的发明者都住在气候暖和的地方，他们不需要炉子这种东西。而明智的希腊人认为恶劣的住所中不可能产生崇高的思想。所以他们发挥自己的聪明才智，开始着手研究更好的取暖方法。他们设想用热空气来代替皮肤，保持身体温暖。

克诺索斯宫（克里特的首都，基督诞生1000年前统治着地中海东部）用暖气片来保暖。而罗马人和所有地中海人一样都很怕冷，他们是这样建造房子的：在房子外面安设一个大锅炉，让奴隶把它烧旺，用炉子产生的热气来加热地板和墙壁，这样一来就能保证热气在整座房子中稳定均匀地流通。

3—5世纪，欧洲遭到了亚洲腹地的野蛮人的侵略，这些侵略者鄙视"安逸"（正是"安逸"让他们在罗马城墙外待了600多年），希腊和罗马式的舒适就这样从世界上消失了。几乎所有罗马式建筑都被损毁了，庙宇、神殿变成了马厩和牛棚。罗马贵族们以前的夏季别墅被拆毁，用马车拉去修筑防御工事。古老的剧院变成了村庄，元老院公馆中的供热系统彻底崩溃。

当法律和秩序恢复之后，人们又回到了原来的房子中。但在这1000多年里，人们或者被冻死，或者在房子中点燃炭盆取暖，然而这么做会让人觉得更冷，人们睡觉时不得不穿着衣服、戴着帽子。

15—16世纪时，状况仍然很糟。虽然伟大的太阳王（路易十四）的英雄事迹读起来让人欣慰，但他一点儿也不令人羡慕。因为他虽然被认为是当时最有权、最富有的人，但他的宫殿中却没有取暖设备，做熟的菜放在餐桌上冻成了冰。他手下的大臣如果需要洗澡（这很少见），就得用碎冰锥戳水罐里的冰。

最终，一部分人又回过头去用明火来取暖，认为这要比炭盆更加先进，实际上冰川时期就已经用这种老办法了。不过这次添加了烟囱，这是一种专门把炉子产生的烟通过屋顶排到外面的通道。

最初，烟囱不过是墙上挖出的洞，但在 16 世纪初（经历了 300 年的试验和无数次失败以后），终于出现了类似今天所使用的烟囱一样的东西。这种烟囱带来的气流能使火更旺。

虽然这样，这种"皮肤替代品"的保暖效果仍然不尽如人意，接下来的十代人，不管是乞丐还是王子，在房间中都被冻得咳嗽不止。而如今，只用几片不大的暖气片就能使整个房子保持温暖了。

上世纪的最后 20 多年里，人们终于再次找回了罗马人的取暖方法，用蒸汽或热气使房子保持温暖。

我们现在这种用炉子来加热皮肤的方法会沿用多长时间？我并不清楚，但应该不会沿用太久。

用电供暖的现代办法比现在的暖气供暖系统更加简便，少了很多麻烦。现在的供暖系统不但需要在地下室中预装复杂的暖气设施，还要请很多清洁工和卡车司机。

现在唯一的障碍就是成本。当我们能够以更低的成本生产出更多的电力时，我们就不需要添煤和烧锅炉的工人了，也不需要轰响的热油气、难闻的油炉和危险的煤气炉了。日后，我们只需要按一下开关，我们的住宅、教堂和公共建筑就能够四季常温。

在我结束本章之前，还需要介绍一下另一项与保暖密切相关的发明，那就是神圣的取火艺术。

人类用来取暖的第一个火种毫无疑问来自被闪电击中而燃烧的树木。但森林火总会熄灭，而且在人类最急需保暖的冬天，这种情况却很少出现。

之后，某位智者（他的荣光与世长存！他可能是位德高望重的神父，全族人赖以生存的圣火由他进行保管）发现摩擦能产生热量。这肯定是很久之前发生的事，因为当人类在历史舞台上出现时，已经学会用木棍在另一块木头被砍出的槽中快速转动来取火了。

不久之后，人们开始制造石器，他们发现如果两块石头互相撞击，就会产生火花，用干燥的苔藓引燃后就能生起火了。

用打火石和小金属片等简陋的工具点火的方法沿用了很长时间。这种方法被应用在各个领域，最终给我们带来了燧火枪和火柴。

我们的祖先用来点烟斗的打火匣非常复杂，人们如果急需用火，用它一点儿也不方便。所以，找到更方便实用的取火工具就显得十分迫切。从美洲新大陆到亚、欧、非洲旧大陆的每个城镇中，人们都在鼓捣一些化学物质，目的就是研究出能替代麻烦的打火匣的东西。

17 世纪下半叶，人们真的发明出了第一批"光明之星"或说"明亮之星"。这种工具上有磷，用石头击打磷，点燃浸过硫黄的木片，就能点着炉子了。这种工具味道难闻而且并不安全，所以并没有推广开来。

1827 年，一位叫作约翰·沃克的英国药剂师发明了"摩擦火柴"，这种工具非常实用，而且不会不小心把房子点着。他将之称为"康格里夫"，用来纪念拿破仑战争期间的"战争火箭之父"威廉·康格里夫爵士，此人还是焰火实用领域的先驱。

20 年后，一位从瑞典延雪平来的叫作伦德斯托姆的人发明了将摩擦火柴缩小的办法，研制出了"口袋火柴"——这是我们非常熟悉的黄头红色小木棍。

这项发明自然遭到了保守派人士的强烈反对，甚至有一种奇怪的论调说火柴方便了盗贼的夜间行窃。但最后还是火柴赢了，而且将这一胜利延续到了第一次世界大战时期。当时，史前的绒线与火石（通过更简单的方式进行组合）再次回归，以方便那些爱抽雪茄的人们。

人类进步的非凡之轮转了奇异的一圈。

这也是对被遗忘已久的人类祖先的一种间接歌颂吧。

第三章

上 帝 之 手

人类的手实际上和所有四足动物的前爪一样普通，所谓的"对生大拇指"的出现使它有了抓握的能力，从而能够做许多事。其他没有这种"抓握末端"的动物，则不得不用爪子、喙或牙齿来做一些事。

如果这句深奥的话还没能让你理解我的意思，那么你看一看家中的猫或狗是如何摆弄肉骨头的就会明白了。它们好像感觉到自己的爪子可以帮上点忙，不过当它们想用嘴和鼻子把某样东西从院子这一角推到另一角时，就会发现自己的前爪在这个过程中没起到什么作用。

唉，可惜它们没有大拇指。

猫和狗的前爪可以在它们用牙撕咬骨头时帮忙按住骨头。它们还可以用前爪挖洞，把自己的宝贝藏起来。但除了这几个笨拙的动作之外，它们做不了别的了。实际上它们也有"大拇指"，但却没有和其他四个手指相对，这导致它们无法做出抓握的动作，而只能做几个简单的动作来满足本能的欲望。

所以说，手是人类获得的最重要的自然工具，这一工具使人的能力又得到了几百万倍的强化和延伸，人类从而成为这个世界当之无愧的主人。

可我们又遇到了一个难题，本书中到处都是这类难题。那就是人类是什么时候，又是为什么会意识到自己前爪拥有的潜力呢？而他的近亲猿猴（同样拥有智力）却一直没能将自己四个可抓握的手掌中的任何一个的活动范围扩大。

先来讨论一下用石头增强手的打击能力这个问题。你也许会说:"这个问题简单得根本不需要证明。"但世界上没有任何东西能够简单到不需要证明。必须有人先想到它,然后进行不断的试验,搞得他鼻青脸肿、筋疲力尽,甚至遭到邻居的嘲笑。

千百万年间,人类只是简单地徒手获取猎物或食物,用手撕碎体积较小的鸟类或野兽,从来没有想过可能还有什么更好的方法。

直到有一个人勇敢地说:"还可以有更好、更简单的方法来做这些事。"他用木棒或者石头来增强手的打击能力,于是第一个锤子就这样发明了。

我们所知道的就只有这么多。而第一个锤子究竟是木质的还是花岗岩的,我们可能永远也无法知晓。因为木头很容易腐烂,而石头却会永存,只有用20吨重的卡车或炸弹才能粉碎它们。

所以，石头是人类先驱者的智慧和耐心的唯一见证，木头却默默无闻地消失了。

诚然，那些外行人参观史前史博物馆时不会有什么深刻感触。他们面对来自世界各地的史前石制工具时，会觉得有些疑惑。在他们看来，这些石子和他们的孩子从路边捡的鹅卵石差不多。

而对于专家来说，这些早期的锤、斧、锯与汽车展——从早期的单缸便宜车到最新款的劳斯莱斯——同样有趣，同样重要。因为这些石制工具与内燃机的发展历史一样，都代表着人类所付出的大量辛勤劳动。

当人类第一次发现可以用石头增强手的力量时，所有石头都有了利用价值。也就是说，只要可以用五指抓住的小石头都可以用，但又不能太小，否则力量就太小了。人类用石头砸碎栗子、头骨和骨头，头骨和骨头中

只要可以用五指抓住的小石头都可以用。

的骨髓是远古时期的一种美味。

后来人类逐渐发现，如果对用作锤子的石块进行凿削和打磨，可以把它变成能够砍砸的工具。所以人类开始寻觅那些能切割东西又不易碎裂的石头，他们成功地找到了。后来人们又发现，把锤子的棱边在另一块更坚硬的石块上摩擦，会变得更光滑，锤子就这样变成了刀。

几百年后，人类发现死去动物的兽皮可以用来捆绑东西，于是有人用兽皮把石刀绑在木棍上，这就产生了斧子。显而易见，斧子与最早的"拳头—锤子"相比效力更强，是一种更加危险的战争工具。而那些边沿较为锋利的小石块，就是现代刀和锯的最初形态。锯是一种设计巧妙的工具，能够提高手的撕拉能力。锯最后从长方形变成了圆盘状，发展成"嗡嗡"作响的圆形发明物——能够像切黄油一样切割木头，像撕碎纸巾一样割开钢铁。虽然锤子很有用，但正是因为增强双手能力的锯子的出现，现代工业的发展才成为可能。

而石刀的另外一个小型后代——剪刀，它不久前才被发明，虽然外形简单，但其实结构非常复杂。

埃及的木乃伊制造者的工具箱中有各种设计精巧的工具，但几乎没有剪刀。之后，希腊人和罗马人发明了

由手延伸出的力量

一种剪刀，最初用来修剪花园篱笆，最后用来剪羊毛。在此之前，羊毛都是从可怜的羊身上直接拔下来的。罗马剪刀是我们现代剪刀的雏形。剪刀实际上是由两把刀组成的，这两把刀以环形物代替了刀柄，以轴枢为中心点固定在一起。下次当你用剪刀帮助手撕裂纸板时，可以留心观察。

到现在为止，一切都很好。可是，唉，人类在增强器官功能的历史道路上并非一直走上坡路。

主宰宇宙的众神虽然赋予了我们明辨善恶是非的能力，但他们却决定让我们自己进行选择，于是给了我们一种烦人的精神品质，我们那些对神学有着更加严肃的态度的祖先将之称为"自由意志"。这种自由意志的可怕之处就在于人类既可以将自己的发明用来行善，也可以用来作恶。而且普通人所具有的品质混杂而矛盾，他们会使用自己的能力来制作炸弹，也可能用来写诗。

最初，刀子是为了满足最原始的需求——在艰苦的环境下生存——而发明的，不久之后却成了并非必需的暴力工具。它演化成了剑、军刀、刺刀、矛尖、箭头、弯刀、匕首、马刀、双刃大砍刀、半月刀等形式，在全世界范围内屠戮砍杀，涂炭生灵，只是为了抢夺别人的东西，或者因为对方刚巧不同意他们的观点。

这一切都着实令人惋惜。但不要忘记，人类的发明并没有灵魂。它们就像乘法表上的乘号，这些小叉并不在乎它们两旁的数字，可以用 1000 乘 1000，也可以用 10000 乘 10000。它们只管让双方相乘。除此之外，它们什么都不管，什么都不在乎。给它们什么，它们就将之相乘，一点儿也不关心得出的结果是一项伟大的成就还是会导致毁灭。

进步说起来很简单，好像是自然而然发生的，而且总是遵循从坏到好、从低到高、从穷到富的发展顺序。真希望这就是事实。然而，进步之路是非常崎岖坎坷的，有时还会兜圈子。"强化之手"为这条古老道路的开辟做出了巨大贡献，它给我们带来了外科医生用来救人的剪刀，以及能够便捷快速地消灭同胞生命的可怕的断头台。

本章开始有些像小论文了，抱歉。但我们要记住现在的这些事物。潮水般喷发的机械进步给人们带来了一种舒适感，认为人类的未来有了保障，这种感觉是危险的。如果一切顺利，人类最终当然会大有成就。但不要忽略这一点：一个国家在教育上每投入 1 美元，就会在军事上投入 100 美元。我已经把这颗有益的担忧之种播撒在了你们的心里，下面我要继续介绍下一个与人手有关的发明——名叫"锄头"的农具。

发明锄头的人可能是位女性。在关于农业社会最早的文字记载中，男人不会屈尊下田干活，这些工作是他

工场一角

的妻子、女儿和驴子的。我相信，在天气晴好的一天，一位穿着破烂的贫穷妇女厌烦了用手弄碎土壤时指甲总是断裂，于是拿起一块木头或石块来替代手指的工作。

当人类学会使用青铜、铁、铜、钢等金属，那么自然而然就会想到把它们安置在木头尖端，因为木头是很容易碎裂的。这些金属逐渐变宽变平，就成了最原始的锄头。

古代农业社会看上去仿佛是美丽的田园牧歌，但实际上早期的劳动者异常艰辛，痛苦而辛劳。只有见过了那些被绑在犁上的埃及、俄国或北非农民的人，才会对此深有体会。博物馆中的阿拉伯犁（更复杂一些的锄头）看起来很有意思。现代的蒸汽犁可以同时做1000只手的工作，这多少让现代人的眼睛不那么难受。现代人为了不再看到同胞像牲口一样辛勤劳动，是愿意在一定程度上放弃浪漫主义的。

也许，"现代人的眼睛"还不够准确，应该说"人类的眼睛"，因为更智慧、更具有"人性"的人一直就厌烦不必要的劳动。任何时代都会出现减轻劳动者负担的发明。但劳动者自身却在常年的压迫之下变得懦弱，会抗拒这些发明，很像在笼子里出生的鸟反而会反抗那些想给它们自由的人。所以就会导致这种情况：那些只能用来取代没完没了的单调劳作的发明，却只是科学家书桌上被遗忘的图纸。

意大利芬奇村里最聪明的列奥纳多·达·芬奇就是很好的例子。达·芬奇经常捣鼓这些东西，他设计了用于在波河谷底挖掘运河的多功能手臂，但从来没有付诸实践。这种设计虽然会使一部分人失业，却会让更多人受益。不过就算是那些受益的人也不一定会这样认为，所以达·芬奇获得的只是一次又一次的失败。他要是把自己的多功能手臂推销到洼地国家，可能会获得成功。因为那些国家的商人急需能从事水下作业的手臂，而且已经在试验挖泥机了。但达·芬奇生活在意大利，这个国家根本就没有疏浚问题。古代船只吃水并不深，所以几乎可以在任何水域停泊。但中世纪后半叶，特别是在北海沿岸，这里的港口深受河流和潮汐影响，必须对河床和海湾底部过多的泥沙进行清理。荷兰和英国的工程师对意大利发明的路上挖泥机进行了改造，在漂浮的平底拖船上安装了"锄头"，这样一来就可以进行水下挖掘了。如今，在港口底部进行挖掘工作的铁手指（有时深度达到60英尺）只要罢工一个星期，就会导致90%以上的国际贸易陷入瘫痪。

但挖泥船只能担任一种水下工作。随着对外贸易的重要性逐渐增加，人们甚至想要把整个木匠铺和铁匠铺搬到河底去。铁匠铺和木匠铺能否成功取决于铁匠和木匠。但铁匠和木匠想要工作的话，就不能缺少新鲜空气。

　　潜水人员在水中停留 60 秒到 80 秒的时间打捞牡蛎（特洛伊城被围困时，希腊人就是这样做的）当然可以。但如果要修补船上的破洞或者打捞被暴风雨吹落的装满金子的宝箱，这种短时间的潜水起不到任何作用。所以必须为肺发明一种工具，好让它能连续提供新鲜空气，这样它才能更好地为手服务。

　　在这一领域最早进行的尝试是一根铜管，它可以将潜水者的嘴与水面相连。但这种方法只适用于潜水。慢慢地，皮管代替了铜管，管口借助猪膀胱漂在水面上。2000 多年来，这种皮管是人们唯一的潜水设备。17 世纪末，一个意大利人想出一个好主意，用两个普通的风箱把空气吹进皮管里。首次实验就成功了。此后，"水下手"或说潜水工具的性能得到稳步改进，如今我们已经可以在 180 英尺深的水下维修船只或者进行打捞。这个深度已经很厉害了，曾经试着从池塘底部捡石头的人都会明白这一点。

与我的时间表相比，我讲的内容有些超前了，我最好还是先讲其他的原始工具吧，这些工具是在几万年前发明的，极大地促进了人类历史的发展。

以杠杆为例，这种发明是一种很简单的装置，人们

撬石头

认为它像山一样古老。在人类发明的所有装置之中，杠杆对改变景观所起到的作用最大。这种工具确实非常简单。但如果没有它，金字塔、墓碑，或者用大圆石、花岗岩建成的史前庙宇或坟墓，都不可能修建。因为杠杆的力量比手和胳膊联合起来的力量还要大无数倍。改造后的现代杠杆甚至能够抬起房子和火车，能用几美元的成本干 1000 只手的活。

还有一个发现与杠杆有关，那就是一个人能够拖动的重量要远远大于能够拿动的重量。为了实现这一点，只需要一只更长的手，用今天的话来说就是"绳子"。

我不确定第一根绳子是麻制的还是皮制的。但是棉花和麻传到尼罗河谷和美索不达米亚平原的时间较晚，所以皮制绳索应该更早出现。就算借助纤维搓成的绳子，对于几百个奴隶来说，把重物拉到脚手架上也是非常痛苦而吃力的。不过，巴比伦人在经过多次试验之后，终于发明了滑轮（或叫辘轳），极大减轻了拖运和吊起重物的难度。以前几百个人才能完成的工作，现在可能只用一两个人就足够了。

看上去，希腊的大多数建筑是利用杠杆、绳子和斜坡这些简单的工具完成的。而古代的建筑师罗马人非常热衷于修建道路、堡垒、桥梁、港口和引水桥，他们对滑轮进行了很大的改进，让它有了现在的形式。他们甚

古罗马建筑

至专门写书来讲解滑轮和树状图的最佳制作方法，给中世纪的人留下了一笔意外财富。如果没有各种各样的滑轮，15 世纪的大型海船就无法行驶，而如果没有这些船只，欧洲国家就无法走出自己狭小的陆地。

接下来，我要讲述人手的另一项特殊功能，对它的拓展对于现代社会意义重大。人手除了抓握、抬举、拖拉、击打等功能，还有许多别的用途。手可以用作容器，要是你试过用手当杯子从溪流中捧水喝，你就能明白这一点。需要的时候，只要将两个手掌合在一起，就变成了一个能够装浆果或坚果的容器。但双手合在一起的姿势只能维持很短的时间，过几分钟，手就累了，于是不自觉地回到身体两侧的正常位置。

5 万年前的人也同样知道这一点，于是他们想制造更经久耐用的容器，用来装谷物甚至水。他们从死去的敌人的上半部分头颅那里得到了启发。头盖骨的形状和双手合并的形状差不多，由于人类很晚才开始埋葬死者，所以头盖骨随处可见。穴居的原始人并不在乎用可怖的头盖骨来盛饭菜这种琐事。人类头盖骨的应用很广泛，甚至融入了北方人的宗教。他们信奉的神灵用敌人的头盖骨喝酒，而虔诚的信徒也得到承诺，如果他们英勇无畏，战死疆场，也可以享受同等待遇。

从头盖骨很容易直接跳到粮仓，因为它们都是用来替代合在一起的双手的容器。不过人类在开始修建仓库、水箱和储藏室之前，替代手的容器有着许多发展形态，其中一些特别有意思。

如果没说错的话，第一个头盖骨的代替品（看完这本书后你会说是手的替代品）是手工编织的篮子。编织篮子是最古老的技艺之一。石器时代，人类聚居的湖滨和河谷上长着茂密的柳树和灯芯草。篮子在原始社会中有着很高的地位，交织在一起的树枝和芦苇的图案一直

编织篮子是最古老的技艺之一。

流传到了中世纪，是雕刻教堂石柱的石匠最喜欢用的装饰图案。

当然，所有木制品都会腐烂。史前编织篮子的大师给我们留下的只是一些间接线索。在当时的社会中他似乎拥有很高的地位，当他学会用皮革或黏土覆盖住柳条制品时，人们更加尊敬他了，因为他为人们贡献了有益的发明。

与篮子类似的还有一种船，它有着篮子一样的骨架，上面用兽皮覆盖。此外还有轻便的盾牌，在士兵遍地走的年代，这种盾牌受众广泛。

　　覆盖黏土这种工艺，也导致了用柳条搭建而成、外面覆盖黏土的房子的出现。几年前，这种工艺得到了复兴，建筑师们用钢筋搭建房子的骨架，外面覆盖混凝土。编篮工艺发展历史中最有趣，并且对人类文明发展贡献最大的事，是有人对容器进行了全新的改良，造出了一款不渗漏的碗，实际上就是在编好的篮筐里面覆盖上一层厚厚的黏土。

　　不过，这项新发明并不完美。很长时间里，黏土都又软又黏，脏乎乎的。不过它比市场上其他同类物品好多了，所以非常畅销。

　　接下来就是篮子向陶罐的转变，这种转变可能是偶然的。但在人类发明史上，偶然有着重要的作用，它在科技荣誉殿堂中也拥有一定的地位。也许是由于意外，一个篮子掉进火堆，或者洞穴里着火了，又或者是一个村子被强盗烧毁。无论如何，火熄灭后，人们在清理废墟和垃圾时，发现树枝和灯芯草被烧毁了，而黏土内层不但保留了下来，而且变得像石头一样坚硬。

陶器就这样诞生了。

篮子逐渐被人们抛弃，只拿来装油橄榄、瓜类、土

陶器

豆或谷物等固体物质。而黏土容器烘干后，和双手捧起的形状相似，取代了以前用树枝和草编织的旧式容器。

最初，这种方法中使用的黏土来自河床，人们用手指将它揉成中空的形状。但这种方法太慢了，也有些难，可是没有别的办法。后来，埃及人发明了陶轮。最初，制陶工人用左手转动轮子，用右手对黏土进行加工，后来陶轮的位置越来越低，最后被放在地上，变成了用脚就能转动的圆盘。与此同时，陶器的烧制工艺也取得了很大进步。

最早发明窑的可能是中国人。窑是一种四面封闭的炉子，把东西放在里面用木柴均匀烘烤。巴比伦人把这种新方法传到了欧洲（近4000年里，巴比伦人都是亚欧大陆之间的交流使者）。于是希腊人和罗马人都成了制陶大师，他们还为制陶业贡献了新的神奇发明。他们发明了一种更好的上釉技术，让家中使用的瓶子、罐子和锅的表面变得光滑，发出美丽的光泽。埃及人最早用过这种方法，而他们是跟腓尼基人学的。

这是第一次提到腓尼基人。在古代世界中，他们是交流使者，是地中海上的公共经营者。他们不生产任何东西，却什么东西都卖。他们不关心艺术，对技术进步也没有太大贡献。他们靠贩卖奴隶发了大财。不管他们出现在哪里，都会因为价格上的斤斤计较而遭人厌恶。但很奇怪，这些彻底的物质主义者真做出了两个有记载的重要发明。

其一是可以保存液体的玻璃；其二是可以保存思想的字母表。

就算在今天，关于发明玻璃的人是谁，人们还争论不休。罗马人和希腊人说是一个腓尼基商人。他在叙利亚沙漠旅行时，偶然将煮饭的罐子放在了天然碳酸钠上。第二天早晨，他发现天然碳酸钠和沙子熔成了一种透明物质，也许可以用来代替念珠和珍珠。

腓尼基和埃及离得很近，从一个国家坐火车到另一个国家只需要不到 10 个小时。不久之后，埃及孟菲斯和忒拜的珠宝商就开始售卖玻璃项链了。他们摆弄这种新材料一段时间后，发现用中火加热可以将玻璃加工成任何形状。从几幅早期埃及绘画中可以看出，当时埃及人已经会用吹火筒，会制造玻璃花瓶了。但图案比较模糊，不能确定上面的人到底是在制造玻璃，还是在从事其他行业。

人的手力量更强，但也更脆弱了。

如前所述，偶然性在发明史上有着重要地位。但追逐名利的势利行为也应该得到一些鼓励，因为它刺激人们制造出越来越好的日用品。

最开始，对于罗马上层家庭来说，普通陶器就已经很好了。但当罗马市场充斥着不列颠和莱茵河谷烧制的陶器时，那些贵族就不想在自己的餐桌上摆放那些平民家中都有的杯盘了。所以他们宁肯花大价钱购买稀少贵重的玻璃花瓶、玻璃杯和金属耳杯。不管什么时代，只要社会中有某个阶层的人愿意花大价钱购买奢侈品，就一定会出现愿意并且能够满足他们的需求的工匠。

罗马人在绘画、写作和雕刻方面并不在行，但他们是生活大师。他们最先认为吃饭应该是一件具有仪式感的事，而不是比赛谁能抢到最肥的羊肉和最油的骨髓。罗马人发明了叉子（很晚才出现）来代替手指，虽然并不是特别有用，但让人们可以体面、优雅地布置餐桌。这是一个好的发展，吃饭不再是用来填饱肚子的麻烦事，而是变成了愉快的用餐习俗。

人造容器出现之后，很多事就可以做了。而以前当人们手里什么都没有时，这些事是不可能完成的。

比如说，高于湖面和河面的大片土地，现在可以用杠杆、水桶、绳索等简单的工具来进行灌溉，从而变得肥沃。这样一来，土地能够养活的人口数量就大大增多了，短短几个世纪中，有几个国家的人口增长了两三倍之多。

人手还有另一个功能，那就是传送，这一点对人类的福祉有着重要影响。这就是引水和供水系统。在古代，医学不太发达，当时的医生掌握的生理学知识很少，如今已经进入小学课本中的内容他们都不知道。但他们已经知道，如果一个地方有大量人口聚集，就绝对需要干净的饮用水。

溪流、小河只要没有受到太多干扰，而且光照足够的话，可以通过自我净化功能清除水中的有害微生物。但当城镇不断扩张，贫民窟里的穷人越来越多，附近的河流就会被大量微生物污染，很快就会变成污水坑。人们当然还可以用手、杯子或水桶去附近的山中打水，但这种方法又慢又低效。于是，作为容器的手逐渐发展成了引水渠。

如果一个人看到过古代供水系统的遗迹，或者古代城市废墟中的喷泉和井口，那么他就会同意，那些最早想到用这种方法为人们输送清洁水源的工程师，是真正造福人类的人。

下面让我们结束关于作为"容器"的手的讨论，开始介绍作为抓握工具的手。

对我们普通人来说，手在这方面的特征就相当于一把锁。因为当人造好房子之后，就会在里面堆满各种生活用品。他可能会因此感到幸福，或者在邻居艳羡自己的富有时感到沾沾自喜。

为了不让敌人或者朋友觊觎自己的这些财产，他不得不加固自己的门，把别人关在门外，只有自己能够进来，而且自己能够随时进来。这说起来容易，做起来难。普通的门闩当然可以达到这种效果，但上门闩的人必须和他要锁起来的东西一起待在屋内。后来有人想到了一种办法，用一根铁针从门外打开门闩。

门闩和铁针的组合，最终发展成了锁。这种锁更加可靠，但本质上和公元前 13 世纪的埃及绘画中的锁并没有太大区别。

一切紧闭的东西，无论名称是什么，本质都是手的

门闩和铁针的组合，最终发展成了锁。

替代品。

　　甚至那些美丽的城堡——这些城堡在中世纪时掌控着一国通向另一国的山口——还有矗立在边疆、抵御外敌的要塞，实际上都是闩上的大门。用本书的语言说，就是手的替代品，只不过功能被放大了许多倍。它们的功能其实和门上小小的锁是一样的，只不过有着更大的规模。

　　从这里引出了需要关注的另一点。

　　我在前文说过，手并没有灵魂、良心或者情感。它既可以为人类造福，也可以拔出短剑。如果说这个世界的规则就是，一种生物必须伤害别的生物（无论伤害的是一朵花还是一头牛）才能维持自身生存，那么我们就不应该责备人类通过极大扩展手的功能来获取更稳定、丰富的食物。

　　他最先用石头代替赤手空拳。

手并没有灵魂、良心或者情感。它既可以为人类造福，也可以拔出短剑。

接下来又将石头磨得很锋利。

然后他把石头制成斧、刀和鱼叉。

特别是在漫长的寒冷时节，人类为了获取食物被迫从早到晚奔忙。在鱼叉的帮助下他获得了不少食物，但还不足以填饱肚子。这时他想到，如果手变成一个带长柄的大勺，用它捞到的鱼肯定比用鱼叉抓到的更多。于是人类发明了渔网，渔网像一台巨大的挖泥机一样深入到水中，一次就能捕到很多很多鱼。

说到鱼，渔船这项发明可能会让人有些不舒服。但又能如何？它们必不可少。人类如果想活下去，鱼就不得不死。它们不得不缓慢地窒息而死，这一点让人感到遗憾，但好在它们对此没有什么抱怨，因为大自然没有给它们声带。此外，人类很早之前就已经习惯看到同胞被杀死了。对人类来说，不论是处死敌人，还是处死奴隶，以及不得不囚禁起来的战俘，这都是最容易的方法之一。

我们还不知道是谁发明了现代非常实用的绞刑架，从而增强了手的绞杀功能。埃及人（这个民族性情温和，爱好和平，大体上还算诚实，而且吃得比较好，也不会对邻居产生忌妒之心）对这种刑罚并不了解。希腊人是伟大的战士，并不是刽子手。而且希腊人很有艺术感，他们会让罪犯在环境舒适的房间中喝下毒酒，和朋友聊着天，在愉快的氛围中体面地死去。而罗马人很重视"系统"，他们认为绞刑是铲除社会不法分子的高效工具。中世纪有很多残酷的刑具，而绞索是其中比较温和的一种，使用对象都是受到特别优待的人。既然我们已经说到了人与人之间的残忍这个话题，那么在这里就

吊死战俘

讨论一下作为暴力工具的手吧。因为我们越早说完它，对我们的自尊就越有好处。

你现在应该已经意识到，战斧实际上就是功能得到增强的拳头，而非其他。当战斧被抛出（这是古代常见的作战方式）时，就成了远距离起作用的拳头。但不管是战斧、长矛还是石块，如果只靠肌肉的力量抛出，能到达的距离都不会太远。必须想到能将它们抛得更远的方法，因为全世界都想将能够刺杀敌人的致命武器（也就是带着尖刃的手）投射到很远的地方（这可以保护投掷者远离敌人的刀剑）。有数十万人在数十万年里几乎每天都在思考这件事，最后终于发明了弹弓和弓箭，解决了问题。

能够精确瞄准的弓和箭保存了下来，而弹弓很快就被淘汰了。弓箭的规模越来越大，杀伤力越来越强。中世纪末，我们的老伙计——达·芬奇给当时的人提供了固定弓箭的设计图，按此设计建成的弓箭像小型加农炮一样威力无穷，能用木棍刺穿市场上买到的所有盔甲。

但人类在战争方面是非常狡猾的。针对每种新的进攻方法，总会出现一种与之抗衡的防御方法，而那位发明新的进攻方法的人就徒耗了时间和精力。第一个石矛发明出来之后，很快就出现了盾牌。于是制作矛的人又赶快思考如何能让矛变得更锋利，从而轻易刺穿柳条编织的盾牌。而制造盾牌的人开始忙于在盾牌上覆盖兽皮。然后制造矛的人又继续进行改进，如此这般，循环往复。事到如今，我们已经拥有大型武器制造商和有威望的专家。

但在 14 世纪，制造矛的人好像在一段时间内战胜了制造盾的人。因为人们发明了用硝石、硫黄和木炭组成的化合物，这是会带来灾难的邪恶组合。人们之前只用这种化合物来引火，后来发现如果把它和铜管连起来，所引起的巨大爆炸能够将巨石抛出几百英尺远。

对于法兰克军来说，这种发明来得太晚了，不然他们肯定能攻陷巴勒斯坦，实现他们的神圣事业。从 14 世纪中期开始，差不多每场战争都有新发明的"火药"的参与。

"火药"这个奇怪的词来源不明。有人认为它是"铜管"一词的缩写，后者指能够抛出石块打击敌人的一种武器。这很有可能，因为早期的怪物都是以某位著名女士的名字命名的。例如，克虏伯夫人的工厂生产的口径 42 厘米的武器就被亲切地叫作"迪克·伯莎"。

但不管它的名字是什么，它很快就赢得了声誉，成为战争市场上最厉害的远程拳头。移动迅速、快速发射的步兵因此获得了很大优势，在此之前，他们一直受到穿着铠甲的骑兵的压制。于是，高贵的骑士很快出台了一项严峻的法令，宣布这一发明"违背了人类文明战争的原则"，并且威胁说，谁要是胆敢使用抛石机或点火装置，就会被当作海盗和人类公敌被绞死。

然而，这并没有给这些贵族带来多少好处。因为对于长期被压迫的市民和农民来说，"大炮"实在是太有力的帮手了，所以这个笨重丑陋的东西留存了下来，给

火炮成为战争市场上最厉害的远程拳头。

封建城墙和皇家城堡造成了程度很大的永久性损害。人们甚至给大炮安上了两个轮子（这样一来，它就成了可以移动的手），不断地进行改进，精心照料它。

这种做法并没有什么精神价值，但有很大的实际价值。这是因为城市居民数量增长迅速，有时候他们握有的现金要比他们尊贵的主人还多。贵族们住在世袭城堡的漏雨屋檐之下无所事事，而富有的城市居民则可以迅速剥夺他们在社会上的领导地位，使自己变成强者。大家已经非常熟悉人们是如何运用传奇的伯纳德·施瓦茨（德国人，第一个发明了有使用价值的火炮）的发明，我在这里就不再赘述了。

关于更复杂、更致命的手——军队，我也不想做太多讨论。因为关于精于此道的绅士们的"杰作"，已经有很多大部头的历史书论述过了。那些头脑不正常的人在"处理"成千上万同胞的生命时，十分冷酷无情，甚至比敌人还要残酷，而偏偏是他们最负盛名，拥有最高大的雕像。

关于作为粉碎工具的手我已经讲过了。发明石制锤子的人一定很喜欢吃栗子、龙虾和牡蛎。但当人类逐渐变得文明，并且开始定居时，就不再满足于几乎全部由死动物组成的食谱，开始在很不稳定的食物中加入了一些谷物（原始人不是吃撑就是挨饿，从现今出土的骸骨中可以看出他们很少因衰老而自然死亡）。他们今天在这儿，明天在那儿，过着流浪挨饿—挨饿流浪的生活，一些部落不愿再忍受这种生活，于是找到一些山脚下的牧场定居下来，过着安稳的日子。在野兽一般的人群之中，一些较为聪明的女人发现在肥沃的土地上能够种一些新的谷物。但必须用尖头木棍辛苦地耕作。当这些情况出现时（这需要经历数万年），就需要一种比手和锤子更实用的工具，来把一些粮食弄碎。

从发明的角度来评价这种需要，可以说人的手变成了臼和杵。为了得到很少的面粉和橄榄油，人类就得不停地捣啊捣，当人们厌烦的时候，臼就演变成了磨。

　　最初，由人来推磨。两个人或者一匹马和一头骡子，推着笨重的磨盘单调乏味地转圈，成果却不大。后来罗马人发明了一种方法，用动力将小溪或河流中的水传送过来替代人手的工作。

　　在山脉地区，水轮大获成功，但在平原地区却没有什么用处。不过在平原地区有另一种丰富的动力，这在地中海国家非常稀有，那就是风能。不久之后，北欧很多地方出现了一种小木房子，这种房子的地下室中装有两扇磨盘，四只"手"伸向空中，请求减轻人类的劳苦。

　　最初（指12世纪，当时在低地国家磨坊已经普及了）这些人造手被安在木筏上，当风向改变时，整部机器就会运动起来。之后磨坊的顶部也可以转动了，于是风车的翼便可以替代人手完成上百种工作，例如锯木，造纸，加工鼻烟、调味品和大米，取代老旧缓慢的灌溉设施。

但这些各种各样的工业过程的前提是，必须有充足而稳定的风能，但离海边较远的国家显然缺少足够的风能，如果水力又不足的话，就只能依靠人（效率很低）

水轮

或马（更快速，但买马必须花更多的钱，而雇妇女和儿童每天只需要花几文钱）。所以急需发明一种不受制于自然环境而且价格合理的新能源。

人类早就知道从土里挖出（有时离地表很近）的一种黑色物质是很好的燃烧材料，比木头、泥炭和干海藻好很多。罗马人称之为"炭"（carbo）[我们的"碳"（carbon）从此演化而来]，希腊人用"煤"（anthrax）这个词[我们的"无烟煤"（anthracite）由此而来]。我们的祖先从中欧的森林中走出，照射到第一缕文明之光的时候，将之称为"贡献大"（kol）。我们称之为"煤炭"（coal）的东西，实际上是一种在地下储存了上亿年的压缩能量，数亿年前，地球上气候潮湿，大部分地区被茂密的森林所覆盖。

罗马人和希腊人想要获得大量此类浓缩能量，但他们是糟糕的采矿师，没有什么别的挖掘方式，只会让奴

中欧的森林

隶徒手或用锤子来采集这种易碎物质，收效甚微。

而17世纪日益繁荣的商业和国际贸易，导致对煤炭的需求逐渐加大。英国作为当时制造业最先进的国家，开始正规地开采煤炭。那时候的矿井只是一种暂时采取的办法，很少有人下井采矿。虽然这样，但人们发现想要采矿，必须先使用"水泵"这种手的代替品将矿井里的水抽出来。

但这种水泵的成本非常高。最初人们徒手工作，后来换成了马和骡子。虽然如此，却还是无法把矿井中的水彻底抽干，而水泵的花费又消耗掉了煤炭获得的利润。所以，世界各地的煤矿主都在大声呼吁，需要一种更划算的机器来替代人手和动物来进行这项工作。因此，几个拥有科学知识的人想到，他们在某本书上读到过用火和铁制作的人造奴隶，那是在 15 世纪以前，据说非常成功。

遗憾的是，传说中的"火力机器"跟随罗马帝国一起被扔进了垃圾堆，连这种机器的制造细节也不甚明了。但一些勇敢的德国人、法国人和英国人又打算重新制造这样的机器。没过多久，他们就宣布获得了成功，重造的"火力机器"可以接受实践的检验了。

但就像人类发明史上的常见情况一样，让无生命物质动起来是一回事，而让大众克服内心惯性则并不容易。我们无须惊讶。世界上的大部分人并非英雄，他们和自然界中的树木、鱼虾和野兽一样，都想过平静安宁的生活，不希望生活环境发生太大改变，因为环境的改变会让他们必须放弃熟悉的老习惯。而对世界上的英雄来说，内心的赌博精神则战胜了追求安稳的愿望。

这就是为什么其他人总是厌恶他们，而且很少对他们的工作表示感谢（除非他们长命百岁）。

所有正常的普通人都用怀疑的眼光看着那些轰隆作响的杠杆和轮子。那些喷火冒烟、叮当乱响的石头和钢铁，必然会彻底改变数百万人的生活环境。而这些人早在远古时期，就已经习惯了被像牲口那样对待，早就听天由命了。从在摇篮里开始（至少从五六岁开始），他们就只不过是有生命的手而已，一辈子都在推拉、搬运、抬举东西，一直到死。这并不是幸福的命运，但不会出现什么意外。而普通人所追求的正是安稳。

当这些可怜的奴隶听说地下埋藏着无数浓缩能量，可以替代人所做的艰辛工作时，他们所担心的只是："我们以前的习惯是不是必须改变，或者得学习新的东西？"得到肯定的回答之后，他们就根本不听任何解释了。他们并不在乎此后自己终于可以摆脱烦人的艰苦劳作，不用再累得腰酸背痛，不用再像牲畜那样工作，而是可以得到更多的钱。他们不得不改变长年累月形成的习惯，而过上与祖先们完全不同的生活。这足以让他们谴责新的人造手是对神灵的亵渎，是狂傲地想挑战神的权威。这足以让神父指责发明者所犯的罪行，他们居然狂妄地想要改变全能上帝的造物。

詹姆斯·瓦特的成功所凭借的：一是他改良了蒸汽机，使它可以不用借助人手就能持续工作；二是因为作为蒸汽机爱好者，他登上历史舞台的时间较晚。当他发明的专利产品问世时，世界上的人已经听了150多年关

蒸汽机

于蒸汽机的正面宣传，说蒸汽机可以代替肌肉的工作，所以反对势力已经比较弱了。

人类历史展开了全新的奇特篇章。

蒸汽机的发明是为了替代马匹，而马匹则是为了替代人手推动矿井中的水泵。渐渐地，人们发现蒸汽机除此之外还能承担许多工作。所以世界各地都开始使用这种火力机器。这些火焰怪兽每天都要消耗数百万吨煤炭，所以就要挖掘更多的煤矿。随着煤矿的不断挖掘，越来越多的史前能量被输送到地面，让蒸汽机运转。这样一来又需要更多的机器来供不断增多的矿井使用。最后，煤炭成了世界毫无争议的统治者，那些拥有最多煤矿的国家，便开始对其他对手指手画脚。

这个发展过程其实并不令人愉快。发明这台代替

采煤

人手的机器的人也没有料到这点。和所有美丽的愿景相反，人们几年前刚刚摆脱了最低微的体力劳动，现在却被无生命的怪物所奴役，这个怪物比 20 年前的工头还要冷酷无情得多。

不过值得庆幸的是，食煤机器的时代注定只是一个过渡性的发展阶段。如今它已表现出快要终结的征兆。这并不是因为地下的史前浓缩能源即将枯竭（还差得远呢），而是因为使用煤炭的缺点太多了：煤炭的开采非常困难，而且又脏又乱；采煤业最初的从业者就是社会地位最低微的劳动者；这个行业还十分危险；外面的世界阳光灿烂，没有人喜欢到几千英尺的地下工作；矿井和储煤的地方会彻底破坏周围的环境。此外，将煤从煤坑运送到最终目的地的费用非常高。

如果只有蒸汽机才能代替人手，并为无数现代机器的运转提供必需的能量，那人类就没有其他选择。如果还记得大概 30 年前的那场煤矿工人大罢工，就会对此深有体会。

如今很多地区，如果煤矿工人停止工作，那这个地区全部的手就瘫痪了，人们就得受冻挨饿。但我们现在不再像以前那样绝对依赖煤炭了，因为蒸汽机不再是唯一的动力来源。蒸汽机问世 60 年时，发电机这个小弟弟出生了，它的名字来自动力家族中一位被遗忘了很久的希腊祖先。刚开始的几年里，这个新生儿非常脆弱，有一段时间甚至差点死掉，他的教父迈克尔·法拉第为他预言的光明前景似乎就要化为泡影。

动力，动力，越来越多的动力！当人们对动力的需求越来越大时，这种将机械能转化为电能的方法显示出了很高的实用价值，所以发电机没有被扔进机械古董博物馆。如今，对于替代人手工作来说，发电机和蒸汽机的地位同样重要，而且发电机发出的猫叫一般的呜呜

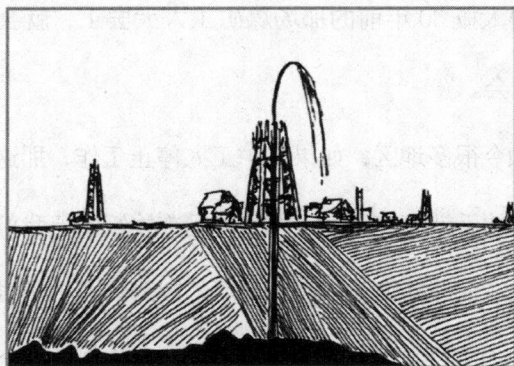

将机械能转化为电能

声，也比它冒烟喘气的蒸汽机兄弟受欢迎多了。

然而，在半个世纪之前，似乎蒸汽机和发电机要承担全世界的工作时，它们又迎来了一个新的小兄弟，这位小兄弟生长势头很足，好像马上就要取代两位老大哥的位置。这位新贵名叫"发动机"，它吃的是腐烂的动物有机质，就像蒸汽机以古老植物霉菌为食一样。

发动机每日所需的营养是从深深的地下汲取的油

状物，人们早在 4000 年前就意识到这种物质的存在了。当时，人们会用石缝中偶尔冒出的油来照明，但没人知道从石头中冒出的油到底是什么。即使在今天，关于这种不可或缺的燃料的起源，我们也只能凭借所掌握的化学知识进行推测。就算这样，我们还是可以确定，石油来源于动物，而非来源于植物，它由几百万年前海中的微生物遗体液化而成，我们并不清楚当时的地球是什么样子。虽然如此，但那些汽油（从原生石油中提炼出的物质）已经非常重要，甚至掌控着国家的命运。但它们仍然充满谜团，就像当年埃克巴坦那（Ecbatana）和巴比伦用石油来焚烧对方的城池时一样。

　　但发动机并不在乎它的食物是由什么科学成分构成的。这种人手的替代品发展速度惊人，很快就成为最受欢迎的工具。它的胃口很大，迫使我们要马上用史前液体动物有机质来喂饱它。其实，有一些严谨的科学家已经有了警惕之心，他们认为将来内燃机会由于燃料不足而消亡。

我倒是认为不用太担心这一点。人类已经享受到了摆脱苦役后的轻松自在，如果让他们退回到祖先那样被压迫的状态中，他们肯定会激烈反抗。他们到处试验寻找新的人手替代品。他们正在研究利用气流的新型磨坊。他们强迫瀑布、山川和潮汐来代替人类推动发电机。他们望向东方的太阳，仔细地考虑现今被大大浪费的太阳光。他们努力研究如何将煤炭变成液体（现在为止还没有成功），试图发明一种酒精代替石油作为那设计巧妙但胃口很大的奴隶——庞大的发动机家族的食物。它们有了石油才会高兴地干活；要是没有石油，它们转都不转，敲也不转。

那些关于未来科技发展的预言，只是又在世界文学中添加了些废话而已。我听说一些发明大师打算把

扛东西

黄蜂和蜂鸟扇动翅膀时产生的微弱气流转化为能量，推动机器的运转。我相信在人类榨干油井中的最后一滴油之前，一定会运用集体智慧想出新的让这些机器运转的办法。

在这个世界上，追求舒适是最具传染性的。一个人如果习惯了开汽车，那他就绝对不会再回去坐公共马车了。哪怕是花费所有的财产，人们也要找到一种合适的新物质来取代那种地底下冒出来的散发恶臭的东西。

我刚好属于人类这种哺乳动物，但我并不十分热衷于人类的发明进步。我总认为，我养的名叫"面条"的狗作为一条狗，比我的很多朋友作为一个人要更加快乐。但这只是一种情绪，一种转瞬即逝的情绪。因为我这条脾气很好的德国达克斯猎犬的生活环境可以给予它所有必需品。它有舒适的床，充足的食物，有时候还可以洗澡，它用自己绝对的忠诚来报答我。

如果我忘掉所有的担心和忧虑，变得非常顺从，不再追隔壁的猫，听到有人召唤就跑过去，那么我也会满足于这种安宁的生活。但我会想念那种优越感，这种优越感来自我们在动物王国里优于其他动物。不然的话，我永远不会知道这个世界——就像已故的伽利略发现的那样——在运动。我指的并不是地球环绕太阳的运动，而是说人类不断变得更聪明，更温和，更容易被邻居容忍。

令人遗憾的是，当人手获得飞速发展时，大脑功能却发展得很慢——我们的机械发展水平处于1928年，而精神层面却和我们的祖先差不多——总之，我们只是坐着雪佛兰轿车的穴居人罢了——我清楚地认识到了这一点。但我也不同意那些失败论者的观点，他们劝人们不要再钻研那些未解之谜，因为没有任何希望，我们必定要失败，我们所尊崇的知识给我们带来的只有毁灭和灾难。

世界大战并不是因为我们知道得太多才爆发的。

它只是通过一场灾难来告诉我们，我们知道得还不够。

各式各样的社会动乱也向我们证明了这一点。有些人认为机械化和工业革命——它们在蒸汽机、发电机和发动机这些"人手替代品"之后到来——引发了人们普遍的不满，这种想法很愚蠢。我不想否认存在许多悲惨状况，也不想忽略这一点：很多负责让这些无生命的怪物活动的人都痛恨他们所管的机器，他们也理应憎恨。

但这些不过是细枝末节，并非关键，和事情的本质无关。好比有人坚决反对在医学界使用鸦片，反对使用可卡因或吗啡帮助病人减轻痛苦，只因为有几个意志软弱的人吸食鸦片用来娱乐，并且因为闹事被警察逮捕了。或者有人反对驾驶汽车，是因为有个 12 岁的傻孩子偷偷把爸爸的汽车开走，不小心开进池塘淹死了。

不会的，这位"铁人"已经在世界上立足，任何言语都不会削弱它的力量。

由工人的双手完成一切工作的时代已经彻底逝去了。除了某几个对技巧要求很高的行业，在其他行业中，工人背着工具包（是他增强的手）的时代也一去不复返了。工人坐在家中，汗流浃背地捣鼓几台机器——这些机器很贵，普通工人负担不起，是从富人那里租来的——日子也即将结束。名声日盛的工厂的时代已经到来，它实际上是高级的、集约化的人手。想要抵制这种有用的体制是非常愚蠢的，在举国上下还没有做好心理准备时，突然被迫采取新的思维方式和生活方式是一种犯罪。

机器时代就像冰川时代一样突然来临。在恐慌之中发生了许多事，这些事在恐慌时期必然会发生。但人类既然可以在冰川时期巨大的经济和社会变革中生存下来，那么肯定也能找到走出如今困境的方法。

在今天的美国，就算是最穷的人也有 11 个奴隶在给他干活，而他自己可以做些别的。这些奴隶勤勤恳恳地搬运、抬举、取送，从来不发出抱怨，而一个世纪以前，这些奴隶的工作还需要人的手和背来做。

工厂的烟囱

　　如今，就算是贫民窟里境遇最差的人所享受的一些东西，也是查理曼大帝想都不敢想的。他虽然具有至高无上的权力，但这种想象会让人们认为他疯了，把他抓到委员会面前受审。

　　这看上去好像某公司的专业推销员在午餐后进行的演说，劝某个七等小镇再建一座新的发电厂。

　　我发誓并非如此。

现代社会中巨大的人手替代品是没有灵魂的，如果没有正确的引导，而且一旦被贪婪的人利用，就会导致许多有害的事情发生。

但同理，也可以做出许多有益的事。

朋友们，选择权在我们的手上。

第四章

从脚踏实地到飞上蓝天

第四章

天赋让扩展制实混职人

诗人可以高歌"脚步轻盈"（在《罗密欧与朱丽叶》中，莎士比亚就是这么说的），不过对四足动物和两足动物而言，脚是用来承受伤痛的。尖利的石头或者荆棘给它们带来了极大的痛苦，它们无可奈何地承受着飞奔、小跑、跳跃、旋转等重担，将主人送到安全的地方，最容易受到伤害的部位永远是脚。所以，人们一旦发觉自己告别了动物行列，便为提高和扩展他那缓慢且沉重的后腿力量绞尽脑汁，而且将其中的一部分任务分给适合助人的替代物，但是在这之前，无数项任务都是由承受疼痛的脚底板独立完成的。

当然，最开始，人们总是从容不迫的，直到后来才有了"时间"观念。原始人仅仅是发现了几个显而易见的事实。他们知道白天过去便是黑夜，黑夜过去便是白天。一段暖和潮湿的天气后，便会迎来一段寒冷干燥的天气。

不过，现代的时间概念与有形的物质大同小异，能够转化为可以确定定义的劳动量，但以盈亏的标准来衡量，劳动量便有了新的定义。什么?！这在15000年前的人眼中是个天大的笑话。丛林居民听到爱因斯坦的理论时，反应与石器时代的人学习如何用手表和洋流图是一模一样的，都是一脸的惊讶和疑惑。

所以，只有当被敌人追赶的时候，速度这个因素才会进入我们最早的祖先的考虑范围。可是哪怕爪哇直立猿人有了后背，如果没有双脚，这个后背也无法被支撑起来。

　　对他而言，关键的并不是从一个地方到另一个地方花了多长时间。最关键（非常关键）的是他怎么使用自己脚的，他脚底板水疱的数量，他蹚过的河流的数量，他腿上被隐蔽在草丛里的荆棘割裂的口子的数量。

　　所以，寻找强化了的脚和寻找强化了的手差不多是一起开始的，并且从总体来看，前者取得了更大的成就。因为就算是一些最低等的动物也明白，完全可以让别的动物来做自己不想做的事情。以它们聪明的榜样——人类为例，人类在自己进化的早期，就开始驱使同为哺乳动物的其他动物，用它们的脚把自己的脚解放出来。

　　在第一批屈服者中，就有马的身影。一个人只要坐在了一匹马宽阔的背上，就可以轻松地用最少的力气完成一次远行。当然了，只有技艺高超的人才能掌控好这些动物。假如普通人想要从一个地方去往另一个地方，还想让自己的脖子不受伤害，步行才是最好的选择。

　　只要人生活得像野兽一样，个人财产寥寥无几，那么步行比想象中简单。但是，只要人的文明达到了一定程度，攒足了一些日常用品，他就会受到财产的役使，无论去往何方都要背上这些东西。不久后他便发现，一个人背的东西远不如拉的东西多，并且背东西太费力气。确认了这件事后，牵引的问题就发生了翻天覆地的变化。在很久之前，整个地球上都看不到路，可是面对冰川时期一望无际的雪原，人们发明了雪橇。雪橇是由几根光滑的木头组成的，人或者驯鹿在前面拉。

　　过了一段时间，人们在光滑的木板上装上了滑板。起初，用来做滑板的材料是骨头，随着铁的普及，骨头就被弃之不用了。后来，钢制的滑板又取代了铁制的滑板。不过相比人类使用的其他机器，雪橇留存的史前形状的时间要长很多。就算是在轮子问世后，雪橇也没有改变。到了 17 世纪至 18 世纪，雪橇也依然是大商业中心搬运工作的主力。因为轮子价格昂贵，哪怕是杀死几匹壮实的马也比去车匠那儿做一辆货车划算。

人们用来纪念车轮发明者的雕像在哪里？

他给予了人类很大的恩惠，可是没有人记住他。

当然，从我们的角度来看，他做的事情算不上复杂。难道以前有一段时间，圆木盘中所隐含的搬运潜力被人们忽视了吗？

是的，事实就是这样！这样的时期的确存在，并且还有一大群人在地球上生活了几千年都不知道有车轮的存在。美洲原住民就对车轮知之甚少。他们看到西班牙征服者的四轮马车十分稀奇，和看到大口径短枪一样感到惊讶。但是美洲的原住民不是笨蛋，与欧洲同时代的人相比，他们的头脑并不逊色。他们在数学领域有杰出成就。他们在天文学方面的造诣也是埃及人和希腊人无法企及的。可是他们从来没有考虑过要给自己制造一个轮子，可能这就是他们落后并在以后必然会臣服于东方人的一个原因。

据说，历史最为悠久的车轮收藏在美国的博物馆里，人们是在已故的埃及统治者的坟墓里发现它们的。在巴比伦的雕塑中，我们可以看到长须的君王驾驶着完备的小型人力车猎狮的场面。荷马对国王们了解多少，就对轮车了解多少。《圣经》中的车辆并不认同尘世的大道，一飞冲天，直达伊甸园最顶端。事实上，古代历史中充斥着很多关于喷火车、天堂之车的传说。无论何时，人们都会把神描述成一位英勇的、驾驶着黄金马车的车手，与太阳竞争，或者偷走月亮，或者做一些离开马匹和轮子就无法完成的富有技巧的事情，以此来表达对他们的敬意。

推车

　　最早的车是最让人满意的移动工具吗？我们对此持怀疑态度。人们将车作为移动工具只有两种情况：生病或者是年迈的时候。在可能的情况下，他们优先考虑的都是骑马或者骡子。随着罗马的衰落与灭亡，车也逐渐被人忽略了。在那个时代，你再也看不到供车行驶的道路了，车自然而然也就没有了用武之地。车摇身一变成了罕见的、价值不菲的奢侈品，类似于私人游艇或者专用列车。最后，在欧洲的很多地方见不到它们的身影了。直到 16 世纪，经由陆地的贸易开始复苏，就迫切需要效率更高的运输方法。于是，历史悠久的罗马货车重出江湖，奔走在欧洲的大路上；在瑞士的羊肠小道上，再也听不见中世纪的公共运输者"驮马"的铃铛声了。但是，轰隆隆的货车将香料和纺织品从东方运到西方没多久，我们就发现人们正在竭尽全力地让自己不再过度依赖耐力强、态度好的驴子和骡子。恰在此时，备受奴役的奴隶们划桨推动的船只被淘汰了，取而代之的是帆船。乐善好施的风正在水面上做着令人钦佩的事情。能否在干燥的陆地上也试试呢？

一个机智的弗莱芒人萌发了一个念头：将船和车结合起来。受到这个念头的驱使，他在自己的四轮车上挂起了一张帆。这种做法见效很大，这种结合也非常成功，唯一的缺陷是只能沿着一个方向走，不能转帆掉

货车

头。就这样，这种装置和尝试着用人力来转动车轮——
这种尝试也毫无用处——一起被淘汰了。

不过，他们的失败只被人们遗忘了几百年。最终有
人想出了一个办法，看看是否能够用"强化手"来移动
"强化脚"。两者的第一次结合为另一种强化手——被大
众熟知的加农炮——的出现创造了机会。这并不是一件

值得高兴的事儿，不过事实如此，无法隐瞒。

1769 年，法国人屈尼奥驾驶着由蒸汽驱动的车奔驰在凡尔赛的道路上。这辆蒸汽车是法国战争部定制的，其目的是看看蒸汽是否可以取代马匹搬运枪炮。这辆车的独特之处在于，它有 3 个轮子，而现在的车通常都是两个或者 4 个轮子。在不平整的马路上行驶时，它的时速只有 4000 米。

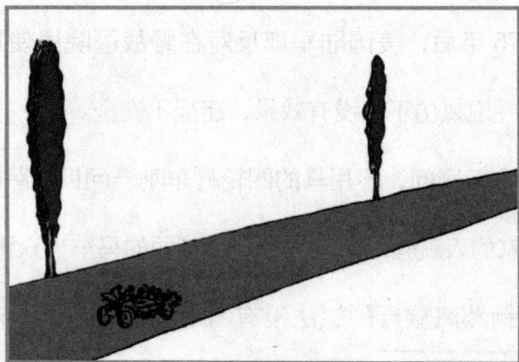

用蒸汽驱动车。

如果发明者能让这辆车一直行驶在路上，那绝对是一个成功之举。不过这辆车经常歪到田野中，刹车也不太好用，所以这次试验以失败而告终。于是这个项目被放弃了，那辆蒸汽车也被人们抛诸脑后。

这次失败也许是建造机器的工程师造成的，他的设计存在不足，再者也许是因为普通军人通常对一切新的观点都有深深的敌意。法国炮兵专家就宣布不认可这种机器，这种场面与50年后意大利雇佣兵队长波拿巴讥讽用蒸汽船跨越英吉利海峡的场面一模一样。以此类推，75年后，美国陆军部反对在野战医院里使用麻醉药，并说氯仿不但没有效果，还很不安全。

毫无疑问，不用马的四轮马车刚一问世，萨姆·韦勒[1]家的人就骚动起来，并登上华丽的马车当众责难说，人依赖蒸汽旅行的想法没有考虑神的旨意，是对神的

---

[1] 马车夫。

藐视，这样不利于庄稼的生长，还会造成最后没有人养马，进而使整个帝国土崩瓦解。

天生的发明家就好比是天生的画家或者天生的作曲家，在不知情的人看来，这些好人作曲、绘画、发明或者组织托拉斯是因为他们想这么做，而实际情况呢？不过是他们控制不了自己想要这么做的欲望，他们血液里流淌的就是这种东西；他们是受到了某种无可救药的神圣好奇心的影响。从他们的角度看，生存是可有可无的，可是发明、作曲或者绘画是必不可少的——如果阻止他们这么做，他们就会因为纯粹的不满或者坐立不安而失去生命。

不管什么时候，当一个新的想法出现时，98%的人会嗤之以鼻。他们还会写信给报社，督促编辑们通过自己强大的影响力规劝那些狂妄的飞行员、北极探险者、萨克斯管演奏者之类的人，不能让民族的下一代受到他们的负面影响。

值得庆幸的是，还有 2% 的人对同胞们的伟大举动无动于衷，因为不管什么时间，他们拿到报纸后的第一个动作就是将其放到炉子里，以此来取暖。就算是某个爱国组织的妇女们哭着哀求他不要这么做，他也会置之不理。因为他们中大多数人比较疯狂。这样其实也没关系。太过聪明的人，会让自己尝试那些智慧的先驱们所经历的艰难险阻吗？肯定不会。假如整个世界充斥着平庸的人，那么我们现在还在树上生活，凭借卷曲的尾巴在树枝之间来回晃荡。

我之所以要在这里进行这次小小的辩论，仅仅是出于公平的目的，因为我马上就要介绍另一种"强化脚"的发明，与所有东西相比，它所遭受的打击是最长久、最残酷的，它就是奔驰在轨道上的火车。

人们一直认为这种"铁马"的发明者是理查德·特

雷维斯科、威廉·赫德利和乔治·史蒂芬逊。他们所处的时代，人们以吸鼻烟为时尚，交通缓慢有序，讲究体面。对他们而言，他们的热情与这个由正派的基督徒组成的国家格格不入。

如今，他们3个在这个世间都有雕像。不过当他们还活着的时候，人们采用不同的方式来"尊重"他们，有嘘声，有白菜帮子。国会甚至通过议案，不允许他们用那糟糕的设计来打破田庄的恬静。当国会议案效果不佳时，学富五车的教授们便会组成委员会，（凭借不计其数的图纸和统计数据）预言说，蒸汽牵引的想法绝对不会成功，在这方面投资相当于将大把的钱往泰晤士河里扔。终于，第一条铁轨完工了。史蒂芬逊用十几年的时间来争辩，只为了让他的上司同意给蒸汽机装上轮子，便于移动，而不是把蒸汽机放置在路的一端一动不动，只用一大堆繁杂的绳子来回拉动车厢。那时已经是

1825 年了。

　　一直以来，人们都想通过让"内脏"有规律地爆炸来推动机器。希腊人曾经也在这种替代手方面有所研究，不过他们还是没有制造出这样的机器。关键在于他们对此知之甚少。他们的头脑是充满智慧的，但是他们的科学知识非常缺乏，所以他们成了古代世界最伟大的"猜测家"，大到治国之道，小到汽车的每件事情，他们"猜"得几乎没有误差。

　　希腊人之后，忠诚的中世纪市民步入后尘，只要同意他们有信仰，即便不让他们"求知"或"猜测"都可以。经过多年的尝试，一个无法改变的事实终于让他们醒悟了：因为他们过于依赖来世的快乐，导致现世变成了一个让人痛苦的地狱。于是希腊祖先重新开始了没有完成的工作，人们再次将内燃机搬出阁楼，开始进行认真的研究。

忠诚的中世纪市民步入后尘，只要同意他们有信仰，即便不让他们"求知"或"猜测"都可以。

　　荷兰物理学家惠更斯想制造一种以微量的火药为推动力的机器。正当他孜孜不倦地研究各种炸药的时候，瑞典王室突然购买了一辆"以机械装置为动力"的车（个中细节我们不得而知），它是纽伦堡的一个钟表匠制造的。因为当时的路况较差，所以这辆车的速度算快的了，时速可以达到 1.5 公里，还能持续地走下去。几年后，发现了"万有引力"定律的大科学家牛顿也在竭尽全力地研发一种与火箭动力原理类似的车。

19世纪中期，现代意义的汽车问世了，当时的人们对提炼过的石油的爆发性已经有了清晰的了解。1870年，普法战争爆发，法国和德国在这方面的研究不得不暂时告一段落。但是，在战争结束之后，这种不需要马和蒸汽，只靠"内燃发动机"提供动力的车就出现在了欧洲的大路上。

它很快成了众矢之的。铁路公司表示，这些公路上的冒失鬼会危害公共安全，并加以谴责，似乎已经将自己之前的遭遇忘得一干二净。市民们也大声疾呼，说它影响了自己行走的权利。国会还是像之前那样高调办事，以法律的方法逼迫车主在车前配备手拿灯笼或者红旗的护卫。

这些强化脚功能的发明引发了一场关于社会体系的

巨大变革。自从詹姆斯·瓦特获得改良蒸汽机专利的那一天，变革就拉开了帷幕。以往的距离观念分崩离析，地球至少被"缩小"了3/5，人们对"速度"这个概念有了新的定义，认为脚是最令人失望的运输工具，人好比是长着大脑的蜗牛，速度太过缓慢。在汽车和火车机车问世之前，人的双脚就是仅有的衡量速度的标准（最多再加上骨质或钢制滑板的冰鞋），而脚产生的效果的确不值一提。我们花了几十年的时间成了生物队伍中的领头羊。速度如此之快，有时候连我们自己都不知道去往何方，不过无论如何，我们都不会再原地踏步了。

但陆地上发生的事情很快就在水上也发生了。人从本质上来说是一种陆栖动物，可是受饥饿和贪婪心（有时候是好奇心）驱使，他只能在水上待较长的时间。

假如要缩短从一个地方到达另一个地方的距离，路上还要越过一条小河或者小溪，前面我们提到的各种脚的替代物便成了摆设。假如河水不深，人要么蹚过去，要么骑马过去。可是因为旅行者必须再次装卸所带的东西，所以这个过程非常浪费时间。接下来就应该考虑，如何在不弄湿脚的情况下到河对岸去。

于是产生了桥。

横在峡谷上的一棵枯树成了第一座桥，人们把朝上的那面修理平整，就能走过去。不过树的长度是确定的，河的宽度却不能确定，并且车、马也无法从这些摇摇晃晃的狭窄通道上通过，即便是人也经常出现从桥上坠落河中淹死的情况。

最后化解这个难题的是罗马人。埃及和巴比伦的工程师并不比罗马的工程师笨，只不过邻近的河流都是大江大河，如同海洋一样广阔，他们从来没有考虑过要征服那些河流。并且这些人统治的地方较小，根本不需要到达另一个地方的快捷方式。

罗马人掌管的国土面积有几十万平方英里，但是所统领的士兵数量并不多。所以就需要道路和桥梁，才能快速地将士兵从国土的这端送到那端。他们修建的桥梁的主要用途是军用，几乎不做商业用途。直到中世纪后半期，建筑师和工程师才把目光投向了罗马建筑的遗迹，而且为了满足当时的使用需求，修复了其中的一部分。

如今，商业压力越来越大，目的再好的悬浮公路也应付不了迅速从一个城市到另一个城市的交通事务。于是桥（脚）成了穿过河底的坑道，从河床一端进去，从另一端出来，还能让平稳的商业交易正常进行。

关于自然界较小的水面障碍的叙述到此结束。不过还有大海，大海比想象中难征服，它带来了许多难题。当然，人可以像鱼或者海豹那样游泳，可是人待在水里的时间不能太长。发明一种崭新的东西来作为"水上的脚"使用刻不容缓。动物遇到洪水时，为了保证自身的安全，会抓住枯树的枝干，也许第一艘船就是从中受到了启发。不过这种木头船不好控制，只要遇到一点障碍就会翻船。不过人们使用阴燃火和石制刮蹭器掏掉木头中间的部分，将其做成规整的长条状，再用一根长木棒来推动。在多年的试验后，某一天，史前的人们听说有人驾驶一叶扁舟穿越了英吉利海峡，感到十分震撼。从某种意义上来说，这个人简直比林白还要伟大，至少也是同样重要。

之后，我们迎来了一个重要的时刻（这是人类历史上最伟大的时刻之一），一位勇敢的水手在一根木头上挂了一张兽皮，并将这根木头横着放在另一根木头上，竖在船头上，自豪地乘着风前往目的地。当他乘坐这种海上"灰犬长途汽车"渡过英吉利海峡时，两岸的人们都以为，黄金时代指日可待，人类的创造性很难有大的

帆船

突破了。

　　但是，事情才刚刚开始。因为现在人手是用来帮助人脚的。人们发明的桨，产生了巨大的效果。人们见到桨在河里把水分开，就说桨在犁开水面前进。这使得海上航行的安全系数提高了很多。水手不再像以前那样对风顾虑重重。假如一个人雇好奴隶划桨，就能够非常精确地计算出到达某个港口的时间。

船桨出现之后，船舵又出现了，不过是在第一艘船出现了几千年后才有了舵。舵出现的时候，船头和船尾是一模一样的，整艘船犹如浮在水上的方盒子。船头和船尾都有一个舵。这些舵的功能与独木舟上桨的功能大同小异，唯一的差别就是个头大一点。当船的速度提高后，船的形状也与之前有所差异，前舵就被弃用了，舵也被放到了船尾末端，并一直沿用到现在。

　　差不多在这个时期，航海技术也有所改变，只是因为出现了一个简单的装置，即众所周知的"锚"，希腊语中解释为"钩子"。

　　希腊人和罗马人对白雪皑皑的阿尔卑斯山和色雷斯山有多畏惧，就对大海有多痛恨。他们从不远航，保证教堂尖顶从不消失在他们视野中。黑夜来临时，他们将船拖到岸边，在陆地上休息。夜晚他们采用的导航方式是根据星星来确定航线，这也表明他们除了采用这种速度慢、成本高的航行方式外别无选择。假如夜晚没有星星为他们导航，他们就只能在水上过夜，一旦如此，谁都不知道会发生什么。

锚是一块沉重的大石头，它被绑在很长的绳子上，就像是一只手，从甲板上伸到海底，它克服了刚才所说的困难。它让船只停留在合适的位置，这种方式能让人们远航。

扬帆远航

它被看作作用巨大的"强化手"，在多种宗教眼中，它就是安全的象征。

现在，水手们已经具备了航行所需的所有条件。可是大雾会让他们没有方向感，假如晚上没有星星，他们便会非常绝望。13世纪上半叶引进的指南针（天知道它是怎么来的）成了他们的救星。在这之后，船只想要去天涯海角都不成问题。假如船长的船技高超，假如船主在定做船只的时候没有偷工减料，假如天气比较好，假如地图没有误差，这些早期的平底船通常都能够抵达目的地。不管是帆船还是平底大船，哪怕是技艺最为高超的航海家驾驶，都不能说完全没有问题。

遭遇逆风，就会出现很多麻烦。

遭遇一场暴风雨，一半的船桨就会丢失。

所以，航海的问题就可以归结为一个问题，如何让这漂浮在水上的脚可以不再依赖风和人手。

有人尝试把能够用人脚蹬的桨轮装在船的两侧，不过都以失败而告终。当詹姆斯·瓦特的"强化手"得到改善后，船舱内就出现了一台蒸汽机作为转动桨轮的动力。大多数人以为发明者是富尔顿。不过在富尔顿之前，好几个人就开始研究"火船"了。年轻富有活力的富尔顿是一名画家，也为推动蒸汽航海事业做出了很大贡献。拿破仑战争爆发后的几年里，蒸汽机船定期往返于英国和欧洲大陆之间。1838 年，连接美国和欧洲的汽船也开通了，两个星期的时间就可以走完全程，但在这之前航行时间一般为 3 个星期或者 3 个月。

30 年后，大洋赛出现了，"强化脚"在水上克服了距离问题，就像在陆地上做的那样。现在，就只有天空没被征服了。

最早的时候，飞鸟是人类艳羡的对象。鸟儿自由自在，让人艳羡也是情理之中的。飞鸟无须道路和桥

桥洞

梁。在它们眼中，河流和海洋都不是阻碍。根据季节的变化，它们还会南北迁徙，不受寒冬和酷暑的影响。所以，自人类产生后，人们便通过某种方式模仿鸟类。历史记载，4000年前就有风筝了。

神话传说中的所有神仙都可以在天空中自由翱翔，这也是人类渴望飞翔的有力证据。

但是，人类在这方面没有任何进步。中世纪后半期，我们的老朋友列奥纳多·达·芬奇又开始致力于用翅膀代替脚的问题。他甚至还制造了一些飞行器，它们在纸上很美观，但是实验时根本都飞不起来。

现在，我们知道达·芬奇为什么会失败了，单单考虑他那些人造鸟，是没有任何问题的，可是人手的力量并不能为那些巨大的风筝提供足够的动力。只有当人手的力量比16世纪时人手的力量大1000倍时，它们才能飞起来，要不然根本没有任何效果。

但是，人们还是很痴迷于这个问题。18世纪后半期，法国的几个造纸商将一批包装纸用纽扣扣在一起，做成气球，给里面装满热空气，并让这个热气球升入空中，让人瞠目结舌。当气球从天上落下来的时候，这群人全都涌了上来，攻击这个偌大的东西，不断地用叉子戳它。不过现在，在空中飞翔的人类还是不能掌控自己前进的方向。

滑翔机

　　假如是顺风的话，人们有时可以乘坐气球从一个国家飞往另一个国家，就连跨越英吉利海峡都不是难事。不过只要到了法国或者是大不列颠，他几乎没有什么方法能将自己送回来时的地方了。

　　滑翔机就像是中国的风筝，非常古老，大约在50年前，人们才开始进行科学研究，那时蒸汽机船和火车发展到了巅峰阶段，人类又开始进攻天空。

19世纪70～80年代，人类用类似于鸟一样的新东西，能够在空中滑行一段时间。不过一阵狂风来袭，就会将滑翔机里的人的脖子折断。另外，滑翔机启动困难，而想让它在事先设定的地点降落更是难上加难。直到那些"强化手"——发动机——的制造商将它们的产品变得既迷你又可靠，几乎零风险，既不会突然熄火也不会突然掉到下面的田野里。

所以，由此看来莱特兄弟是第一个征服天空的人。他们只飞行了59秒，不过完成了这件事，剩下的事就没那么难了。

不久后，人们开始了跨越海峡的旅程，当布莱里欧完成了从加莱到多佛的飞行时，全世界的人们才开始相信，人类将天空和距离这两个敌人打败了，地球上的人类就像相亲相爱的一家人，会一直过着和平和幸福的生活。

不久后人们也开始了跨越海峡的旅程，布莱里欧完成了从加莱到多佛的飞行。

来回飞行的齐柏林飞艇在英吉利海峡上空发出呜呜的声音，运输的货物都是能要人命的炸药和毒气。这再次警示我们人脚和人手没有差别，既可以做善事也可以做恶事。人类在进步的征途中不可避免会有很多奇怪的弯路，其中有一些弯路经过墓地。

"强化脚"的未来是不是一种改良了的方式，我们至今还对此一无所知，它到底能不能让我们摆脱这个如牢笼般的星球的束缚，说实话，我也不敢妄言。不过现在还在限制的范围内。也许，我们需要对万有引力定律进行更深层的了解，我们必须去探索离我们最近的恒星。可是，当我们知道在短暂的100年时间内，人的手和脚的能力能够得到神奇的强化的方法，我们就应该充

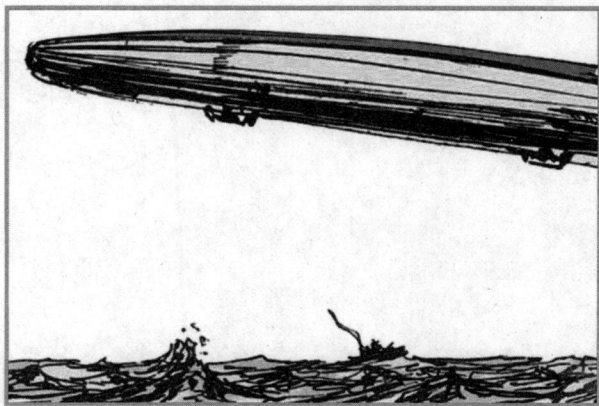

飞艇

满希望，坚信我们的一生不会只待在这片尘土上。

有一点请铭记：之前的 50 年里，貌似我们走了很长一段路，可是在使用我们的大脑方面，我们还是非常生疏。此外，很多人的勇气与他们坚定的信念不成正比。

不过需要给他们时间。

第五章

形形色色的嘴

第五章

发现与创造的过程

一艘出国远航的船只，至少每 24 小时就得确认一下自己的位置，确定航线是否正确。同样，一个作者正在跨越某片自己较为陌生的知识海洋的时候，也需要经常用指南针给自己定位，防止自己碰到那些荒诞的胡言乱语形成的礁石上，并悲惨地死于自己争辩的碎片之下。这里所说的指南针就是"字典"。文学指南针的重要性比它的姐妹航海指南针的重要性要小很多，不过相当于某种时间表，有绝对强过没有。

在大英百科全书中，对"嘴"确切且轻松的解释是这样的：在解剖学中，嘴是一个椭圆形腔，位于消化道的起始位置，起到咀嚼食物的作用。两唇间是嘴的开口处，静止状态下的宽度和两侧第一个前臼齿之间的宽度相等。

嘴唇是两片软肉体，其由外到内的组成部分分别是：皮肤、浅筋膜、轮匝肌、含有很多唇腺（大小和豌豆差不多）的下层组织，最后是黏膜。唇的深处藏着冠状动脉，在中线处，黏膜翻转，接到牙龈上，构成了唇系带。

这表明，我们不该将本章叫"嘴"，叫"声带"更恰当一些。

不过声带是人体解剖学中的内容，在礼貌性的谈话中几乎不会涉及。一般人都是模棱两可地将其与扁桃体和感冒联系在一起。并且在大众看来（就像大量的格言和《圣经》所显示的），嘴不是百科全书中那样生动的表述，"消化道上端的一个用来咀嚼食物的椭圆形腔"，而是一个言说器官。

所以，当我谈到"嘴巴"的时候，我指的是"说话"，并且当我说大多数人类文明是以"嘴巴"被强化了的功能为基础时，实际上是指人的语言能力。人们向邻居说明思想时，依靠的是一个非常发达、性能稳定、可以确切区分声音的系统，也就是我们所说的"语言"，这是人类最伟大的发明之一。

我并不是武断地暗示别的动物没有自己的语言。我的房间里有很多小猫和小狗，屋檐下还有很多燕子，面对它们，我因嚣张而感到十分愧疚。猫、狗、奶牛、鸟和海豹（我猜鲸鱼也是这样，虽然不能将它们放在水族馆里，也不能对其进行研究）一直在互诉衷肠，而在它们繁衍后代的时候，更是变得口若悬河。

不过它们的语言（我必须进行补充，大家都知道，

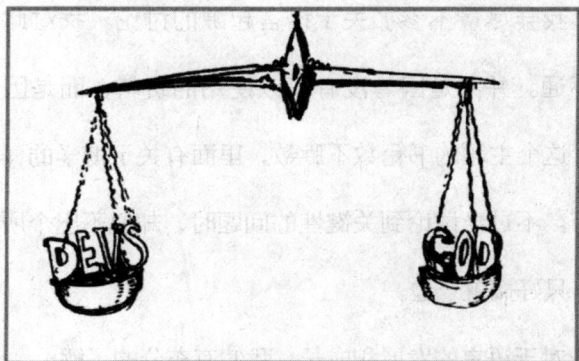

量器

我们对此了解并不多）看起来只不过是一部分警告用的简短代码，而且都和它们生活中两种无法抗拒的本能有密切联系：传宗接代和就食。抽象思维——在人类关系中举足轻重——全都是它们不可能具备的，哪怕是"数学马"汉斯、"博学猿"领事三世，假如请它们来互相讨论一下相对于佛教，国联或者是基督教所具备的优点，它们一定会十分迷茫。

我会尽量不参加关于语言起源的讨论。我对此一窍不通。并不是因为没有可以使用的资料，而是因为关于这个主题的书籍数不胜数，里面有关于博学的详细细节。不过当讨论到关键性的问题时，却说不出个所以然，只好搁置一边。

　　对于语言的发展和成长，我们有充分的了解。

　　当我们尝试讨论，人类到底在什么时候不再口齿不清，反而能够清晰有力地表达思想感情时，困难接踵而来。

　　这些问题让我期望我可以在 2000 年后重新回到地球上。我们花费了好几年的时间来研究这一主题，我们对自己也有足够的了解。毋庸置疑，几百年后，终于有一天我们可以说："又是从那时候开始，人再也不会像动物那样哼唧，而是像人那样说话了。"同时，我见证了那个伟大的时刻，我心存感激地记下：嘴（读作"声带"）与人体的其他器官相比，包括非常有用的手和脚，在人的发展过程中付出的是最多的。因为我们可以通过嘴来畅谈我们所积累的知识并达到某种稳定状态，这说明每一新生代都会将祖先积累下来的所有智慧传承下来。

　　显而易见，人类是从几个存在差异性的祖先进化来的，他们的表达形式截然不同（就像那些属于同类的动物一样）。我们之所以刚开始的时候进步缓慢，也许能从这里找到合理的解释。当人们发现某种方言中的某一吱嘎声和嘘声的组合与其他方言中的吱嘎声和嘘声的组合有共通点时，一切就会发生改变。所以将一种语言的内容融合到另一种语言的模式中，确保信息不丢失或者让词语完好无损，可能性是极大的。

　　有了翻译家，人类才成了一个庞大的智囊联盟。我指的不是每个地方的所有人都能从这种极佳的机会中获得益处，用邻居的知识来让自己更加明智。大多数人并不在意这件事。他们想要吃得好一些，有容身之处，教育一下孩子，时不时地看看电影，就这么多。

这个世界上，那些全身心工作的人，不管是住在中国、格陵兰，还是住在澳大利亚或者波兰，他们都不像井底之蛙那样只关心自己所处的环境。就算他们从来没有学过读写，就算人类从来没有发明过文字，他们也依然可以靠一个好的翻译知道这个世界上其他地方的人对某一主题的观点持什么态度。某个可怜的野蛮人首先发挥想象力，词语如香皂、水泥或者干草一般，能够称重量，就是它让人类形成了一个共同体来与强大的无知和恐惧对抗。

但是，知识属于奢侈品，但在平时的日常生活中它又是不可或缺的。刚开始声音扮演的并不是教导工具，而是警告工具的角色。作为警告的工具除了提防可见的危险外，还需要提防那些不可见的危险，那些不可见的危险尤其可怕，因为人们无法提前进行预防。

记住，越是不开化的群体，就越坚信自己受神秘力量的影响。他们的一生都是在与敌人的战斗中度过的，草丛中、大树后、水井底部，到处都有他们的敌人。敌人只想让可怜的农夫感到害怕，把他们的孩子吞进肚里，诅咒他们的牲畜。

人们觉得非常害怕，不过值得庆幸的是鬼怪都是胆小鬼。它们只要听到巨大的声音就会落荒而逃。只要你竭尽全力地大声叫喊，那么那些妖魅都会远离你。

但是，大喊大叫是非常耗费体力的，并且会对声带造成极大的危害。所以，在很早的时候，人们就想到了用空心的木头代替嘴巴的办法，这段木头用洪亮的声音警告邪恶的阴霾离远一点。

一般而言，连续地敲打鼓就可以把鬼吓跑，不过假如遇到了执着的鬼怪（在春末和夏季很常见），就需要几天或者几周从不间断地敲击大鼓才能把它们吓退。

这种通过声音来驱鬼的习惯对人类社会具有重要的影响力，从中世纪期间钟声备受欢迎就能得知了。教堂里的钟只是一张金属嘴，早上、中午、晚上都会响。慢慢地，人们遗忘了它最初的功能，开始将其应用于其他方面。它每天报时，告诉仆人起床和休息的时间。不

钟

爬上塔顶歌颂主德

过它最初的特点还保留着。在礼拜日和节假日，悠扬的钟声会提醒信徒们去教堂。有时候，教堂的钟声还能过滤掉不良社会风气，保证宗教典礼顺利进行，肃清不洁行为。

在欧洲，政府非常重视公众福利，大部分领域都有"嘴"，这些领域都与下面这两个方面紧密关联：劝说公众向善；警告公众别去做那些不能做的事情。

我指的不只是中世纪号角的作用——卫兵用号角吹一首曲子，告诉那些善良的公民世界和平，小心火烛。我想起的是强化了的声音在过去的用途更为突出。

　　夜晚在海上航行充满了危险。只要离开了海岸，航行就变得畅通无阻。船只很难撞到一起，那时的船只很浅，不用担心会在沙滩搁浅。不过在夜幕中靠近海岸的船只，就有很多问题。当然，在罗马人和希腊人眼中，完全可以在每个海角安排一位声音洪亮的男奴，向每位靠岸的海员传递信息。但是即便有很多声音洪亮的男奴也无法确保每艘船都完好无损。发明其他的东西来取代人的嘴势在必行。在危险的礁石上用木头点燃的火堆解决了这一难题。这样一来，灯塔成了改良后的声音。

　　人们之所以对这种警示性的高塔满怀敬意，是因为这么一个事实：世界七大奇迹之一就是闻名遐迩的亚历山大港古灯塔（公元前300年修建）。顺便说一下，这座塔的建筑师肯定对自己的工作认真负责，因为这座闻名的灯塔为海面提供了1600多年的光亮，后来毁于一场地震中。

　　罗马人（我都不用强调）有独特的保存灯塔的方法。只是让他们修建与道路、港口和交通相关的东西，他们都会精益求精，直到无可挑剔。他们在欧洲沿海建造了自己的警示标志，在我们祖先知道灯以前——当时更没有人知道灯塔是什么——他们已经将灯塔建立在了加莱和多佛。

　　中世纪的时候，灯塔走向末路。这种建筑，不管身在何处，只要还没有倒塌或者毁坏，就能被重新装修成教堂，海岸边一片黑暗。不过商业复兴后，信号塔成了日常生活中不可或缺的东西。刚开始，煤炭取代了木柴的照明地位，之后又被气和油取代了。如今，嘴和无声的警告已经被电取代了。电发出的警报可以传到30里之外。

灯塔有个缺点，就是只能在晴天使用，有雾的时候根本不起作用。这时候，就只能用声音代替光线。刚开始是鸣钟，不过对现代海上交通而言，钟声传递的距离有限。于是，一个由蒸汽推动的巨大扩音器——雾喇叭——产生了，一直使用到无线电发明前夕。

在那之后，海员一听到微弱的信号，就明白自己面临危险，于是短短几年间，灯塔、雾喇叭与火警信号一般，被大众忽略了。它很想享受小心翼翼工作的感觉。它竭尽全力让自己高效且安静、得体。与所有的人造装置一样，它会被无情地滥用，就像我们当中有些人了解的那样，他们的邻居拿着便携式留声机。不过只要给嘴巴一点点机会，它也是礼貌行为的象征，假如你听过那些"远程扬声器"和"远程书写器"之类的关于嘴巴的用途，你就会明白。

刚开始，当一个人想要与其他的人商量重要的事情时，他一般都是以手或者声音的方式来完成。但是，符号语言很快就被声音取代了，如今，它仅限于聋哑人使用，在其他领域则几乎不存在，除非用来强化口头语言。此外，用声音来沟通的方法得到了长足的发展，并且它的历史趣味十足。

　　在历史悠久的巴比伦雕塑上，我们已经发现了入门级的"远程扬声器"的图片。我们看到工程师正在为吊起工作忙碌着。有1000个奴隶在拉绳子。工程师站在一个小平台上，手持喇叭筒。当然，这个喇叭筒可以将嘴巴发出的声音传得更远。工程师通过喇叭筒喊道："起！"于是所有的奴隶都不约而同地拉起绳子。假如不存在这个"放大了的嘴"，工程师的声音就不会同一时间被那么多人听见。这是人类第一次为扩大声音的力量所做的尝试。这是为将来不计其数的试验做铺垫，最后便出现了电报、电话、无线电和收音机。

有些发明在刚刚问世的时候并不能激起公众的兴趣，因为大多数人在日常生活中并不能见到它们。不过每个人的工作总有那么一段时间会受到些许阻碍，这个事实便是声音的传播距离在 200 英尺以内，所以每个人都在竭尽全力去解决这个难题。最终就是我们能够更好地了解"远程扬声器"完整的发展历史，这绝对强过追踪人类其他器官增强物的历史。

假如传统没有偏差（传统往往比官方的历史记载可靠），那么特洛伊投降的消息就是以烟雾信号的方式传给希腊人的，类似于发电报。在非洲，从远古时代开始，部落之间的交流方式就是用木棒猛烈击打大鼓。用木棍敲打鼓面时，刚果土著能清楚地知道是什么意思，就如美国西联公司办公室的职员熟悉摩尔斯电码一样。

在中世纪时期，文化层次较高的人住到了高墙围绕的狭小城市里，就如笼子里的困兽。假如有敌人对城池发动进攻，人们就会通过鸽子传信。在海洋上，如果天气晴朗，人们便会用信号旗报信。

相对规模较小的群体而言，这种放大人类声音的愚笨方法就足够了。不过当城邦不断扩大并且权力越来越集中时，一个政府想要长期存在，就必须让声音在相同的时间内被领土内的每个角落所听到。当遭遇危机时，快递员、鼓和信鸽都没有任何作用，但每一个现代化的大国都有无休止的危机。从结果来看，18世纪不仅是民族团结形成的大国家的时代，也是一个电报实验长足进步的时代。

法国是第一个实行政府中央集权的国家，自然而然地，他们也成了远距离传输人声领域的先导者。

1792年春天，工程师查佩将一套完整的"光学电报"计划递交给了法国国民公会——一台安装在位置方便的教堂顶部或者山顶上的机器。他提到的机器是由几根木臂组合而成的，在横杆上固定住。绳子和滑轮能改变这些手臂的位置，组合成字母。官员通过侦查望远镜阅读信息，再按照同样的方法将信息传递给下一座塔，一直到准时传到每一个城镇。

这种机器运转效果非常好。在拿破仑时代，欧洲大部分人都在使用查佩先生的信号机，得知这个可怕的帝

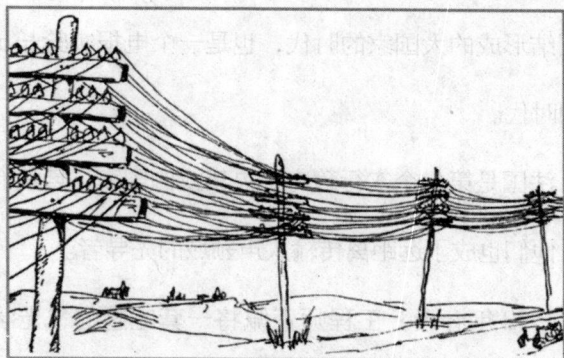

信号传递线路

国的声音。

但是，它有一个非常大的缺点，就是缺乏信息保密性。镇上的人闲来无事时就会聚集在教堂高塔周围专注地揣摩那些不同的信号，最终他们也像那些操作员一样，识破了每个记号代表什么字母，并迅速读出来。这时候，寻找其他方法来传递信息就显得尤为必要，同时还要做好保密工作。

当信号机要"撒手人寰"时，一种迷人的新玩具开始在世界上流行起来，我们将其称为电。在一些穷乡僻壤，很多无名的乡村天才正在用这种神奇的电流做赌注，期望可以找到一种用电将信息从一个地方传到另一个地方的交流方式，进而可以让自己成为百万富翁。在德国的每个实验室，都有一位肃穆的教授将自己妻子的最后一枚硬币花在电池和铜线上，期望自己成为全世界同时听到一种声音的第一人。

这场比赛的最后胜利者是萨缪尔·摩尔斯。1837年，他的画板摇身一变成了电报装置。第一台机器能让1700英尺之外的地方听到声音。经过一年的实验，他为自己所取得的进步而骄傲，相信自己的发明能引起国会的注意。不过国会总是日理万机，直到6年后才开始了解他的发明。最后，在1844年，华盛顿和巴尔的摩的交谈就是通过电流完成的。

　　因为摩尔斯的计划之前还处于实验阶段，所以并没有引起欧洲各国政府的关注，如今他们开始想要了解他的计划了。在今天，人类的声音成了一个个的点和符号，在文明世界的每个角落畅通无阻。电报线迅速离开了干燥的陆地，潜到了水下。只要船只的面积巨大，就能在大洋底部铺设3000英里的电缆，纽约人就会有一种自己住在伦敦城郊的错觉，反过来也是如此。

　　在很长一段时间里，国际语言交流都是通过电报完成的。可是我们的地球受到了"强化手"和"强化脚"的影响，变得非常小，又出现了新的需求。过分依赖现有的价格不菲的电缆是错误的，但在萨缪尔·摩尔斯的发明中，电缆不可或缺。

没有中间的金属线也可以将声音从一个镇传向另一个城镇，这属于老想法了。在1795年，西班牙物理学家萨尔瓦就向巴塞罗那科学委员会提出了这种想法。委员会自始至终都在耐心地倾听，之后就抛诸脑后了。

一代人之后，一位德国人不需要西班牙同事的任何帮助，尝试用逼迫电流穿过水流的方法来实现无线电通信。问题在于，那时人们对于他用的材料的准确性质知之甚微。这个问题得让海因里希·鲁道夫·赫兹去解决，他是一个非常杰出的科学家（因为工作废寝忘食，他年纪轻轻就去世了），赫兹帮我们解决了这个问题。虽然他还没有能力向我们解释电波的本质，却发现了支配电波行为的规律，这是一个非常大的进步。赫兹出版了自己的著作后，各方面都开始高度关注无线电问题，每个国家都为首先解决这个问题而不断努力。

年轻有为的意大利人马可尼成功地通过无线电将第一个字母传送到了大洋彼岸。字母表上的其他字母也迅速跟上了脚步。如今，哪怕是这些在历史上十分独立的船长，无论他们距离海岸多遥远，也一定会倾听他老板的声音。在天空中遨游的飞机也能够随时与地面进行沟通，不会被突如其来的暴风雨所影响，好像它们还没有超过人类打招呼的声音的范围。

不过就像法国谚语所提到的，胃口是撑出来的。只要"远距离书写"的艺术成为事实，人们便开始埋怨自己的小玩具，开始哭着喊着要台机器，让他们对"远距离讲话"这焕然一新的奢侈品毫无抵抗力。

几千年前，中国人在那时发明了一个玩具，叫作

"传声筒"，用一个细线将两根竹管连接起来后便形成了这个玩具，这让两个人即便隔着几百码的距离也能进行交流。这些小物件每隔两三代人就会形成一次潮流，被看作"最近的新玩意儿"四处宣传，出现在街头巷尾，之后又无缘无故地消失，就像无缘无故地出现一般。中世纪的人把玩过它，18 世纪的人也在把玩。当所有人都在讨论电流庞大的潜力时，这个中国古代的装置已经

传声筒

出现了50次或者100次了，并受到了各个乡村市场的追捧。

也许它给予了某些人灵感，这可能是传递人的声音的途径。日耳曼人菲利普·莱斯是将"传声筒"这个工具进行完善的第一人。这种工具工作效果非常好，他鼓足勇气地赋予了它一个霸气十足的名字——电话——能将人的声音传递到远方的装置。

50年后，苏格兰移民亚历山大·格拉汉姆·贝尔在波士顿定居，并成了一所聋哑学校的老师。他是如今我们熟悉的现代电话的发明者，解决了声音传送这一难题。

声音是如何从依赖电线传播变成不再依赖任何电线而发射的呢？这是近段时间才发生的事情（对本书的作者而言简直是天方夜谭），我只是一笔带过，就此结束。

不过，如今，将所有曾经出版过的书都毁灭掉，而且通过强化了的嘴到处宣传，依旧让所有家庭对之前做过、想过和说过的事情有充分的了解，可能性都是极大的。因为众所周知，当我们宏伟共和国的黑莓专家告诉北半球单纯的人们，不需要熬糖就能做果酱的方法，这时就算是火星或者土星上那些饥寒交迫的人都会倾听。

我因此来到了本书最关键的部分，我将这一部分放在最后说，一方面是因为这一部分的重要性大过我说的所有其他部分；另一方面是我无法用三言两语来解释这一问题。

如果我们无从得知我们祖先究竟在他们的历史上的什么时刻获得了讲话能力，那么更加困难的是他们是怎样经历一系列过程得出以下结论的：说过的话能够保存下来，脱离嘴的声音能够被抓住并具有永久性为我们的后代带来福利。

我们生活在一个叫作"纸张时代"的时代。我们面对印刷的文字毫无抵抗力。没有图书，没有时间表、订货单、电报单、电话号码簿、报纸、杂志，没有成千上万张上面全是涂鸦和圆圈的千木浆，我们的现代文明很快就会灭亡。

对一个 1928 年的文明人而言，重返无纸的时代根本是不可思议的。但是，假如我们假设人在地球上生活的时间长度为 12 个小时（从午夜延续到中午），那么将想法演变成书面语的具体形式的艺术只是在 9 ~ 10 分钟之前发明出来的。

可是它为什么会被发明？是谁在什么时间什么地点什么环境下发明的——这一切都不得而知。除非我们对我们最早的祖先文明的了解比现在透彻，我们才能解决这一难题。他们究竟能不能写？假如能写，我们在他们的墓穴和洞穴中发现的那些彩色砾石又象征着什么呢？

答案是，我们不清楚。

差不多每年都有人告诉我们，如今某位教授已经成功地找到了这个难题的症结所在。于是该教授所属的国家欢欣鼓舞，因为如今人类历史终于向前推进了10000年或者15000年。不过没过多长时间便会有疑问。最后，人们仔细揣摩赞成和反对的意见，发现最新的假说与这个难题没有关联，我们不得不重新来过。

埃及圣书

当然，埃及象形文字和巴比伦的泥版字带给中世纪的人们的感受是一样的。之后便有了托马斯·扬、商博良和罗林森，但如今那些掌握了这种艺术的人读楔形文字和古埃及文与每天读报纸有异曲同工之妙。

我坚信这些谜终有一天会被解开，时间也许是明年，也许是100年后，我们无从得知。所以，我们目前只能猜测或者绝口不提。

对西班牙和法国古老的洞穴进行研究后，我们知道人类刚会制造工具就开始画画。某些图画的技巧非常完美，以致很多人抱怨，那些由乳齿象、鱼和鹿构成的整个画廊，都是考古学家伪造的，他们的目的是得到一点名誉。如今，我们确定了这些图画的真实性，并且随着时间的流逝，我们猜测能够发现更多相似的图画。

可是，对那些画画的人到底是什么用意？是不是尝试着将抽象的想法转化成具体而不朽的形式？

应该不是。

它们的用意应该是巫术——通灵术。人们先将野猪和大象画下来，再出去猎捕它们，是期望能诅咒它们然后轻而易举抓捕它们。这种做法与中世纪的统治者仿照敌人做成蜡像，之后在上面插满针有异曲同工之妙。

所以不能将那些图画归到早期图画式语言遗迹的行列中。它们将那个时代的宗教精神表达得淋漓尽致。它们叙述了一个故事（所有的图画都是这样），可是它们与人类将思想转化为具体的形式这一期望并不相干。

于是我们应该思考另一个问题：图画从什么时候开始不再是单纯的图画，又在什么时候加入了确切的思想保存系统的行列？

举一个例子就可以说明，将这两种绘画方式划清界限是很有难度的。欧洲的大多数山区公路的旁边都有由绘制的小符号做成的竖着的路标，行人可以从上面获得简易且确切的信息。其中的一种符号向我们呈现了一幅圣人像。一个流浪汉（已经死了 500 年并已入土为安）路经此地时遭遇了飓风，幸好被一位善良的圣人所救。这位流浪汉心存感激，在他看来这件事尤为重要。他绞尽脑汁画了一幅画，告诉每个路经此地的人在他生命的危难时刻发生的事情。第二个符号的竖立者是当地汽车俱乐部，是一个反写着的 S。每个司机看到它，都知道会发生什么。它确切地说明："拐弯之处，小心驾驶。"

两幅画讲述的是一个故事，可是其中一种已经从图画形式发展成了文字的形式。

至于这到底是怎么发生的，我再来举一个例子说明。

从冰河时期画在悬崖侧面的一幅画，我们可以看出一名猎手的信息。他在距离他的同伴很远的地方发现了两头鹿。他想追过去，可是相隔太远，用嘴说同伴根本听不到。他无法用声音说："嘿，你们听着！我看到了两头鹿！"寻找另一种方法势在必行。他在岩石上画了一幅草图，这幅画就像是一封信，写道："我在湖边发现了两头鹿，我在追踪它们。你们不必等我，我自然会回来。"

假如丛林居民（他们是卓越的艺术家，很多这样的图画都是他们留下的）常常有机会用这种方法传递信息，也许会有构成一种图画语言的机会，语言中的每个符号都有确切的词语与其对应，这些词语早前都是口语表达中才有的。值得强调的是最后一个句子中的限定词："假如（他们）常常有机会（那样做）！"

在有人想到可以通过一幅画形象具体地将口头语言保存好之前，这幅画一定要重复出现才可以。在一些头脑简单的部落群体中，这种事发生的可能性为零。所以出现了这样的事情：很多原始部落与书面语言的发明仅一步之遥，只是由于没有足够的机会，没有深入研究，最终功败垂成。为了应急，他们尝试了很多方法。在美洲大陆上，秘鲁原住民形成了一个对国家大事做标记的系统，他们在不同颜色的丝绳上面打结，代表不同的意思。中国人有充分的时间做好每一件事，他们想出了一套复杂的方法，包含不计其数的小图画，每幅图都有与之对应的词语或者是一整套的观点。可是这个趣味十足的民族的天才需要记住三四万幅小图片后才有勇气说："我会读写了。"

简单地说，全世界都迫切地需要一种保存口头语言的简易方法，可是都以失败而告终了，直到埃及人出现。埃及人是不是从那些平凡的人那里了解到了这方面的相关内容，我们无从得知。

除非我们更加深入地了解大部分古书提到的神秘大陆亚特兰蒂斯，否则，就应该坚信埃及法老的臣民们就是第一个有效的象形文字的发明者。可是就算是有了这种工具，书写与最初时没有差别，还是祭司和他的传人使用的高尚艺术。在这个过程中，一种更加简易的象形文字应运而生，使用时间与官方认可的象形文字是一样的。不过从商业和日常生活的角度来说，这种书写用的图画较为繁杂，不易于记忆。假如没有腓尼基人，我们

发明文字符号的腓尼基人

根本不知道我们什么时候才能使用字母表。

路边的这种艺术对大陆上拦路抢劫的强盗来说是枯燥无味的，我们因此拥有了所有时代中最有作用的发明，这种恶作剧在历史上屡见不鲜。不过也有充分的理由可以说明，为什么是他们，而不是埃及人或巴比伦人第一个想出这种切实可行的解决问题的办法。

腓尼基人是商人，他们为了记录合同和协议，就需要一种切实可行的方式。他们和地中海沿岸每个居民点的代理人往来频繁，要经常给他们寄发商务信件。要做橄榄油和萨莫色雷斯的山羊皮生意时，他们不会在画水彩画上浪费时间。他们善于借鉴，从埃及客户那里借来许多神圣的小图画，把它们简化成一目了然的符号，再添加一些属于他们的符号，又从从事该项工作的邻居中借一些东西，之后加工了这些线和点，制作出一套话语保存系统，让它们不遗失每一个从人们嘴里发出的音节，并用一种看得见的方式记录下来，为将来的自己和后代带来方便。

这种字母是通过什么方式从腓尼基传到希腊的，罗马人是怎样变更这些字母，以便在寺庙的门上和凯旋拱廊周围雕刻它们的，日耳曼部落为了改变它们并用一种神符的形式刻在木头上，又采取了哪些措施，这一切都是趣味十足的，不过本书没有安排讲述这些娱乐性的细节的篇幅。今天，我们只需要这么说：借助西欧字母，我们星球上所使用的每种语言的每个声音都能够重现。这个系统并不是十全十美的。不过，我们的字母表中有几个为了贪图方便而从俄罗斯邻居那里借用的字母。无论嘴说什么，现在手都可以将其长期保存下来。

所以知识成了一种永不磨灭的日用品。

所以我们懂得的东西越来越多。

所以我们期望有一天我们可以成为一位天才。

书面语，本质上它就是绘画的一种，那些记录的材料决定了它们是否能成功。

埃及人的坟墓和寺庙里都是他们的象形文字。

迦太基批发商从提尔商人那里买来的科林斯葡萄干和阿提卡月桂的明细账都可以在理货清单上找到。想要把这些理货单保存好，就需要一种简便易行的材料，可以收纳在旅行袋里带到船上或者收起来由骡子驮着。

事实再次证明，发明的原动力就是人类的需要。相比之下，中国人走得更远。纸张是由他们发明的。他们是率先注意到，可以把植物和纤维利用起来，制造一些便于书写和绘画的东西。公元前30世纪，这种方法推广到了埃及。他们用一种纸莎草来制作寺庙院墙和棺材盖，在尼罗河三角洲，这种植物到处都是。可是腓尼基人从他们的爱好出发，抓住了这个行业，希腊人把腓尼基的哥巴尔城比作比布鲁斯，很快，这里就发展成了莎草纸制造业的核心。直到现在，依然可以看到这个商标。比布鲁斯城（Byblos）就像很多地中海东部的城市一样销声匿迹了很久，现在大家还记得的也就只有其出口产品的名称了。欧洲的《圣经》甚至都用这个城市的名字来命名。数千年前，品质最优的莎草纸、绳索和防磨垫都来自那里。

过了很久以后，我们自己用的"碎布优质纸"才传到欧洲。它的起始地是中国，然后经过撒马尔罕、阿拉伯半岛和希腊，到达西方，再从西方播撒向全世界。几百年过去了，它的品质下降了不少，最后现代书籍的使用寿命连200年前书籍寿命的十分之一都不到。

可是，想要以某种具体的方式把思想保存下来，光依靠纸是无法实现的。人类还需要一些东西把彰显不同声音的符号记载下来。借助小块蜡板和一种雕刻刀，罗马人就满足了自己平常生活中的需求。如果你到皇宫去做客，人们肯定拿着一小块蜡板来迎接你，可是正式活动时，就会用埃及莎草纸和某种墨水代替。这种墨水产于埃及，和颜料很像。中国人做得更出色，他们发明了一种胶和木炭的混合物，书写出来的字不仅好看，而且特别清楚。可是我们中世纪那些令人同情的朋友（想方设法让人类的自然器官更厉害在中世纪被诟病），只能勉强用由鞣酸铁和乌贼墨混合而成的奇怪液体。15 世纪时，人们开始大批量研究知识，这时他们才开始使用品质高的墨水和走在时代前沿的铅笔。

还是在那几年里，书写不再是学者的专利，反而摇身一变成为全世界最时尚的室内活动。每个人都有了自己的思想，并且认为这些思想应传承给自己的后代。人们的书写速度不断变快，书写热情空前高涨，以至都出现了自来水笔，不过因为鹅毛笔的使用寿命很短，人们开始努力地寻找它的替代品。19 世纪时，这一努力有了回报，人们找到了满足自己需要的替代品。不过那时，全世界都洋溢着空前高涨的书写热情，人们对钢笔的书写速度并不满意，无法快速表达出人类想阐述的几百万件事情。这已经是一个机器取代人手工作的时代，人们认为一定要有便捷的机器来负责书写的工作，将疲惫不堪的手从不停歇地推动钢笔的动作中释放出来。从白领一族的角度来看，打字机是对这种痛苦呼声的回应。以前他们写 10 页的时间现在可以打 30 页，并且可以复印很多份。

一部优秀的作品被一支低水准的乐队毁坏的方法很多，但是最令人痛心的是重音和音符搭配错误。

历史学家也会犯类似的错误。不是因为他们动机不纯，而是因为从很早之前开始他们就有了相互重复的坏习惯，很少去思考古代的乐曲中蕴含的新意。

印刷术的发明就是活生生的例子。15 世纪的人对其印象深刻，从他们的角度来看，这是上帝的恩赐。当他们非常渴望买到性价比高的书籍时，好心的古登堡先生提供给他们一种复制文本的方法，让每个人都有机会看书。从那个时候开始，关注事实的历史学家将古登堡先生誉为人类最杰出的造福者之一，他付出了很多，得到的回报却很少。

不过我们可以说，印刷的艺术属于势在必行的发明。自然能力的扩展意味着它必然会出现，只要对它们有充分的要求，它们就一定会产生。所以，当别人都没想到这个层面的时候，那些开始费尽心思地思考怎样才能像保存沙丁鱼一般保存思想的人，是当之无愧的英雄，值得用塑像来纪念。同时，那个将人手从抄写工作中解脱出来并将其转交给机器的人也是我们赞扬的对象，顶多就是这样。

因为前者的名字我们无从得知，所以也无法提起。

他是谁？住在哪儿？在哪儿去世的？有必要知道吗？

莫非我们就不可以给一位无名无姓的科学家立一座纪念碑吗？

写这一章并不是为了赞美德国美因茨的珠宝商，也不是为了表扬荷兰哈勒姆的教堂司事（与他争夺活字印刷第一人荣誉的竞争者），简明扼要地说，印刷行为的历史比我们想象中更要悠久。

木刻雕版印刷图画是中国人发明的。我们不知道他们的发明是否传到过欧洲，（假如是的话）是什么时候传来的。但是，13 世纪和 14 世纪，当地的艺术家经常用很小的木刻雕版印刷来制作圣像，这些艺术家用手画几千幅画像太过浪费时间。

学习越来越重要，更关键的是 15 世纪时一般商业重现生机，复制著作在速度方面有了更高的要求，而且还得压低成本。这就是古登堡和他的同事的工作——以一种低廉的方式增加文本。为了证明我所说的，请关注他复印的第一份出版物。这种出版物是一份商业文件，一份空白赎罪券，类似于现在的申请安装电话的空白表。这种东西需要上万份，假如用手写费用太高了。

印刷机将它的初衷抛诸脑后。它像是一张含满了墨水的嘴，将信息、指令和笑话吐出来，与人嘴极其相似，它能够说出精美的辞藻，也能说出愚笨的语言。

海报

这种发明会被永久性地使用，可是因为货真价实的人造嘴——声名显赫的收音机——的出现，它一定会大量减少。

　　收音机太过新颖，导致我们无法预测它会为我们做的事情，或者是它可以为我们做的事情。不过也是因为它，人嘴才重新赢回了属于自己的荣誉。做一个不收费的代理人（如手和脚），也可以选择口不择言。这些都可以忽略。重要的是经过了4000多年的发明，我们回到了最初的起点。

　　刚开始，人类通过声带向自己的邻居传递信息。

　　之后他试图通过印刷的文字传递信息。

　　如今他又开始用嘴传递了。

　　不过最大的区别是他不再是讲给部落里围在篝火旁边的本族人听，而是讲给几百万人听——没错，从理论上而言就是这么回事，对他而言，可以在同一时间内将自己的信息传递给地球上的每个男人、女人和孩子。

这不是一件不起眼的小事儿，他让我们充满了期望。

既然很多人在关键的事情发生的时候都在聆听，那么另一种方式的"强化嘴"——报纸极有可能在将来的某个时候彻底消失。

刚开始，报纸的含义就与它名字所表述的一样。有些信息极其重要，不放心让镇上的公告人告诉大家，就印在纸上，贴在商店的窗户外面，以方便人群阅读。偶尔他们会买一磅烟草，以便和店主讨论那些事情。随着不同商品的价格对世界各地的政治形势的依赖程度变高，有些事业心极强的公报撰稿人就在关键的商业中心安排了通信员，他们将搜集到的关键信息每周给雇主发两三次。雇主们于是用一小箱活字、一品脱印刷用墨水、一台印刷机将新闻变成报纸，站在屋顶上大声叫卖，将"新闻"出售给数千名能承担得起的人。

如今，这几千人发展成了几百万人。不过因为每天的重大事件较少，导致那六七十页无法印满真正的"新闻"，剩余的空间则填满了形形色色的娱乐方式，以此为买报纸的人提供欢乐。在之前大家都不识字的时代，大家都是以观看公开吊死或者是淹死女巫为乐。

就像我之前所说的，一幅图画只是通过线条和几个色块来陈述故事。当我潜入洋底并发现了一种新品种的鱼时，我可以将我的发现公之于众，在长时间实践后，我的听众越来越能理解我的发现的意思，或者是将那些声音修改成小小的黑白符号，简明扼要地写在一张纸上，那些之前关注过这种图画的人都能明白是什么意思。最终，我可以用一支铅笔或者画笔描绘出这个多刺怪物的形状，通过这种方式就能将这个生物带给我的深刻印象传递给他人。

当人们还不知道耳朵或者眼睛可以接收信息时，就知道可以用画画的方式来传递信息了。

实际上，很多孩子（假如孩子不接受教育，就会如野人一般）在还没有达到用读写来表达内容的水准前，确实会花费几年的时间来画故事。所有的人类群体，在青少年时期，就如一个巨大的幼儿园，墙上全都是图片。

古代世界最大限度地认识到了图画信息的价值。希腊人和罗马人只会将读写的艺术传授给那些有需求且能冷静运用的人。一个农民一辈子都不可能收发信件，逼迫他耗费5年的时间在狭小的教室里学习拼写自己名字的方法，在那些思路清晰的理性主义者的眼中是愚蠢至极的。他们情愿尝试向聋哑人阐述乐曲创作的原则。

中世纪的人也是那么想的，有些人不能凭借口头语言的方式了解他们想要了解的信息，于是用图画来说明他想要的信息。不过需要教授的人不断增加，对圣人生前的故事和祖先们丰功伟绩的作品感兴趣的人越来越多。于是人们竭尽全力地用机械设备来增加圣像的数量。最后呢，我之前提到过，雕版印刷问世了——使用这种方法，一块木版能印刷出两三千张图画。

这种方法用在虚构或者是或多或少有虚构成分的事情上，还情有可原。不过将它用于科学问题上的可行性不大。通天塔属于一座传说中的建筑，无法评判画家猜想的好与坏，所以不能对通天塔的木刻提出异议。不过我们一定要保证装在瓶子里的水母或者胳膊上的肌肉画得栩栩如生，要不然就不能为学生进行栉水母类和解剖学类的研究提供帮助。

于是产生了很多种实验——无论这些实验与生命是

否有关——都尽力使用一种长期的图画方式来表现，因为这样表现的准确性比文字或者语言高得多。

一直以来，这些实验都以失败而告终。一个人想要将一幅风景画在玻璃上呈现出来，必须借助镜子、透镜和黑屋子这些工具，不过"获取"和"保存"同一幅画有天壤之别，只要没有了灯光，便看不见图画。

不过一百多年前，运气来了，为我们这些不幸却很稳重的人带来了光明。法国人路易斯·达盖尔和尼埃普斯（后者是个爱好广泛的智者，仅差一步就发明了发动机）用很多种化学溶液进行了大批量试验，有很多种溶液都能为他们在玻璃板上"获取"图像提供帮助，不过他们使用的那么多的溶液都不能保存这些图像。一天，纯属偶然，达盖尔将几块被太阳照晒的感光板放在一个柜子里，柜子里有水银。让人惊讶的事情出现了，他发现了感光板的变化，这种变化之前从未见过。这引起了

照相机

一场杰出的化学调查，最后摄影艺术的发明让这场跟踪调查暂告一段落，那就是：用光绘画的艺术。

从那个时候开始，我们可以为故事赋予确切的图画描述内容，不过在那之前，可靠性小的语言和文字描述决定了它们的准确性。

这项新的艺术被大众所熟知。在所有的地方都是一个重大的成就并受到夸赞。也是那个时候，化学工业凭借很大的荣誉完成了它在古代炼金术士的实验室的学业,优雅地为那些"用光写作者"提供了帮助。

其他人研发了一些机器,能够用来捕获对象的静坐、比赛、开炮射击等状态。他们让移动摄影机更加完美,达到了能够用"图片"提高质量和速度的高度,哪怕一个人非常善于"词语"——口头的也好,书面的也罢——都不能与之媲美。

在不计其数的试验后,爱迪生终于发明了捕获和回放人的声音的机械装置,最后给人类留下了"留声机"或"声音记录器",这使"讲故事"与"画故事"结合的可能性极大。在那之后,每个人之前说过或者做过的事情都能完整永久地保存下来。

我们依旧有许多知识要学习,科学的黄金时代离我们还有一段距离。

假如打个比方说的话,人类的嘴会对自己的成就沾沾自喜。

　　人类如此机灵地提高了自己的能力，无论信息是否

正确，如今，人类已经完全是一个整体了。

第六章

鼻　子

第六章

干 ⿰

本章言简意赅。嗅觉因鼻子而产生，但嗅觉能得到扩展或强化的可能性很小。在这本书印刷的时候，我也许会想起来十几项与人类希望强化鼻子能力相关的发明，不过现在我实在是一件也想不起来。并且显而易见的是这个器官的作用被忽视了，我对此疑惑不解。也许可以用这样一个事实来解释其原因：与人的其他能力相比，嗅觉是没有受到文明的弱化过程影响的生物遗产之一。

我认为，哪怕是在今天，在我们与朋友的交往过程中，我们的鼻子依旧具有忠诚性和可靠性，但我们并不想认可这一点。在多数人眼里，鼻子有许多粗鲁的地方。提到鼻子就能想到感冒，让人们难过地回忆起与那些低等动物之间千丝万缕的关联，显而易见，这些低等动物是"闻"过一生（往往是非常明显了）。普通人对于自己的鼻子与其公开的行为有关联这一点非常反感。同样，假如他在会议上听人直白地说他是哺乳动物，他一定会为自己辩论。我要说的就这么多。1000 年后，我们或许比现在更聪明，并开始注意我们的嗅觉的潜力了。

今天我们还算不上聪明，鼻子并没有出现在专门展示能人成果的博物馆中。在人体器官中，鼻子就是个令人怜惜的灰姑娘，在门外流着鼻涕，干着无穷无尽的杂活儿，从来引不起他人的注意，最多也就被喷有香水的手帕擦一下。

第七章

耳　朵

从人为增强的角度来看，耳朵做得有所欠缺。不过与鼻子相比，它在某个记录上更富有趣味，因为很多发明的目的很单纯，仅仅是希望听觉能力的增强不受限制。大多数是近期才发明的，比如说人工制造的耳朵，它能捕捉到飞机螺旋桨的声音，但人耳要在很久之后才能发现异常情况。毋庸置疑，航空器的发展成了我们更加注重远距离听觉技术的助推器。不过十几年前，我们竭尽全力延伸听的深度，而忽略了听的宽度，与耳朵相关的几项创新性的发明在起源与目的方面都是一模一样的。

　　当然，也许有人认为这章的标题下应该有电话和收音机。扩音器是放大了的耳朵，它的确可以作为一个合适的例子列入其中。不过我坚信，确切地说，所有这些工具都应归类于嘴巴。它们的主要意图都是在远方"告知"某件事。所以说的终端（嘴）被无限地放大，但作为听觉器官的耳朵实际上与之前没有差别。如果没有

古代水下信号

确切的证据证明我是错的，我就坚决不会改变它们的现状。在这里，我想陈述的是仅此一个与"听得更准"这一需求有直接关联的发明。

声音在水的作用下能非常好地传输，自然而然地，最先认识到强化耳的价值的应该是海上的人。古代斯堪的纳维亚人早就发现，假如一个人敲击水面以下的船壁，在距该处几英尺的地方，假如有人将自己的耳朵贴

听诊器

在自己的船上，就能听见敲打船壁的声音。就算在今天，在北大西洋的一些地方，遇到有雾的情况，因无风而停航的船不想走丢的话，就需要通过敲打船壁的方式来与其他船只交流。

但是，对于大的远洋轮船来说，这种方法有点过时了。为了强化自身的收听能力，它们使用了各类电气装置，以前许多需要手和眼来完成的工作现在都可以通过

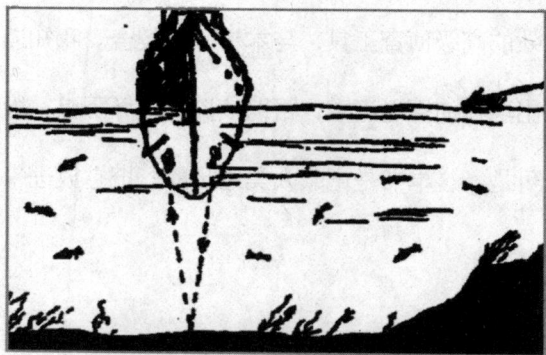

现代水下信号

这些装置完成，比如说探查水的深浅，是否有暗礁，船是否正在靠近岸边。

到了陆地上，这种仪器就派不上用场了，就算是有这种仪器，在喧闹的现代城市里也无法应用。可是医生在看病时，置身于安静的办公室，戴上听诊器，就可以听到眼睛和手无法触及的很多东西。如果我们沿着这个方向研究，也许可以发明一些更有价值的东西。

当然，也许还存在着一些我不知道的装备，可以增强听力。不过，我可不想提到录音电话机。因为这是非常有效的高级侦查工具，与本书并不契合。我知道它们经常出现在侦探电影中，帮助侦探们破坏阴谋，揪出真凶。可是，这本书是记载人类进步的，把它放进来并不合适。

第八章

眼　睛

　　我们的一生都是在一个浩瀚的"空气海洋"的底部度过的，这个海洋深不可测，无人能触及其表面。整个"空气海洋"每天有固定的几个小时享受阳光浴。当这种情况出现时，我们称其为光，具有能见性。好巧不巧，我们是一种在前额有一种视觉器官的生物，我们之所以能"看见"，完全得益于我们随身带着的这两个形状怪异的器官。我并不清楚"看见"的确切意义是什么。现在让我感兴趣的只有这样一个事实：视网膜每秒钟能接收到红色产生的392000000000的冲量，不过每秒钟能接收到紫色产生的 757000000000 的冲量，是红色冲量的两倍。

在一些久负盛名的医生眼中，大自然有很多拙劣的设计，眼睛则是最糟糕的一个，我在这里不想为这种论断浪费口舌。几乎所有的顶尖级的流光学设备制造商提供的产品都比其质量好，使用时间长。我在这里也不想对这些观点进行讨论。

假如科学界里的这些无稽之谈有其真实性，那倒是非常有趣的。不过在这本书里不会讨论这类问题，人们不会关注它们。

快看，我们的祖先仰望天空，糊里糊涂地想知道这究竟是怎么回事。

他一定知道鼻孔具有"观察和识别的能力"——这是他追踪野兽气味的依据——就位于那条裂缝两侧的那两个圆珠中——他以此来进食，出现危险时发出警告，与朋友诉说恐惧——的上方。

他与 50 万年后的我们没有差别，对这种观察能力也是一无所知。不过有一点是毋庸置疑的，即头部前面的那两个圆珠一定拥有这种能力，因为闭上眼睛，眼前暂时是一片黑暗。为了不让别人反感，为了整个部落的安全着想，必须不能让那些脸部被虎或者熊抓烂的人留在人世。

他一定也知道另一件事：当太阳落山后，他嘴巴上方的那两个小圆珠让他的鼻子不再灵敏。

看来就算夜幕降临，其他动物也能看得见，不过人类这种物种较为保守。所以夜幕降临后，人类便待在自己的巢穴、洞穴内，或者在临时挑选的地方休息，并在那里等待第二天的太阳从地平线升起。

但是，当人类发现不仅可以保存燃烧灌木丛的火，还可以通过人工方式取火时，他们对黑夜便不再恐惧

点灯人

了。于是人类便用火把充当白天，进而强化自己眼睛的
能力。不过用火把来照明并不是很理想。这种发明有其
重要性，可这仅仅是个开端。人们用各种各样的可燃物
来照明，可是效果并不明显。最终，有人发现在一碗油
或者油脂里放上一根纤维，将其点燃后便会燃烧，直到
油或者油脂用完后才会熄灭。

　　于是，希腊人的"油灯"或者"火把"就成了现代

油灯

社会的灯。

　　荷马笔下的英雄们依旧在火光四射的火把下胡吃海喝。不过 400 年过去了，不计其数的小油灯柔和的光线将神庙衬托得熠熠生辉。100 年之后，油灯成了所有装备齐全的家庭中的必需品。但在深深的地下，可怜的奴隶被铁链束缚在了矿井的壁上，在忽明忽暗的铅制或铜制的手提灯的照耀下采煤或铜。

有 1000 年左右，我们都是依靠浓烟滚滚、恶臭难闻的油灯来照明的。之后，灯逐渐在改变自身的形状，比如说之后的蜡烛，其实它就是一盏从使用灯油的灯过渡成为一盏使用油脂的灯，不过灯芯还保留了之前的样子。

12 世纪时，这种人造"发光体"翻越了阿尔卑斯山脉。13 世纪中期，它们得到了广泛的应用。在这之后的几百年里，它们扮演着"黑暗中的眼睛"的角色，并成了人们生活中不可或缺的一部分。

在这段时间内，取代油脂的试验从未间断过，可是只有蜂蜡这一种材料符合要求，因为蜂蜡价值不菲，除了教堂和王宫外，其他的地方都用不起用蜂蜡制作的蜡烛。

就算在那里，它们也只能照亮方圆几码。当人们的生活条件得到改善后，很多人希望自己能等牛马睡了再去睡觉。人们只有找到更好的照明方式才不会对夜晚如此厌烦。

　　这一问题终于在史前能量宝库开发利用后得到了解决——那时能量宝库成了数百万台机器的轮子飞转的动力——不过采用的方式有所差异。古希腊的物理学家在2500年前就发现了无体积、无形状物质的存在。不过他们对这种物质持怀疑态度，认为这种神秘力量弊大于利，所以没有去深究它们的具体作用。

　　在中世纪的炼金术士的眼中，这种气或者光或者灵，无论叫什么都行，的确是上天的恩赐。它们所产生的特别火焰能帮助人们骗到那些固执己见的顾客手里的钱。有个老骗子的看家本领就是制造"射气"，这完全是偶然的，他遇到的就是我们今天所说的二氧化碳，这种物质深深地印在了他的脑海里，他赋予了它一个动人的名气——"气"，希腊语"混沌"一词就是这个名字的灵感来源。

人们早已将范·赫尔蒙特这个名字抛诸脑后，可是"气"这个名字一直存在着。不过，如今"气"这个词指的是从煤炭中提炼出来有照明作用的煤气。早在17世纪，人们就发现煤气具有可燃性。不过这位发明者的想法没有得到时代的认同。乡村集会上的穿插节目之一是将猪膀胱里装上煤气进行灯火表演。不过面对这种危险的臭气，普通人内心害怕极了，以为它们是从阴曹地府的缝隙中钻出来的，如果将它们放在屋内，可能会因为窒息而死亡。

法国大革命时，气球忽然被广泛应用于军事上。比利时的某个物理学家进行了一次实验，用气替代热空气装满大纸袋。他将飞行实验多余的气用来发电照亮他的公寓。他这种将黑夜变成白天的做法并没有得到人们的认可。直到拿破仑战争后，煤气才被广泛应用于房屋照明和公共道路照明。即便如此，依旧有数千人对这项革命持反对态度，教会中的权威人士是他们忠诚的响应者。

为了质疑这个新的照明系统，这些令人钦佩的神学家提出了许多理由。大体来说，《创世记》那一章节是他们禁令的铺垫，这一章主要介绍了上帝是怎么创造白天和黑夜的。他们以这一点为出发点，认为太阳下山后依旧能让人的眼睛看清楚，为此的所作所为是完善上帝的创造物，是人类狂傲自大的体现，是对神的不尊重。

不过在反对者提出的反对理由中，当属科隆这座卓越的城市的管理者提出来的最有力度，他提出，用气照明除了说明是不信奉基督外，更说明了不爱国。他辩论道，因为那些依靠气照明的生活在城镇的人对节日彩灯照明失去了兴趣。但节日彩灯充分体现了高尚的爱国主义情操及对当时王朝的崇拜之情。

今天，所有这些听起来都滑稽可笑。全世界都用气来照明以弥补白日之光的不足。它的地位是无法撼动的，至少在人们发明了将煤炭转化为电能之前是如此。自从有了电，一座城市的灯火辉煌是几个开关就可以掌控的。

人类的眼睛终于不受黑暗的诅咒的束缚了。但是当人们突然获得了足够的自由后，便肆意妄为了。他们使用自己新自由的方式让人讨厌。原本人类使用眼睛的时间是白天的七八个小时，但是现在从早到晚都在被动阅读。眼睛的操劳过度令人心疼，它越来越疲惫。因为有的人一天 24 个小时中有大部分时间在读写，所以帮助他们提升眼睛的能力势在必行。这一难题在眼镜发明后迎刃而解。

大多数人认为眼镜是罗吉尔·培根发明的，不过这一点我们也无法确定。他是 13 世纪时一个少有的具备独立思想的人，1214 年至 1294 年的新鲜事物几乎都跟他有关联。无论如何，在较长的一段时间内，眼镜没有发挥它的作用，与其说它们是必需品，不如说是奢侈品。并且它在给人们带来帮助的同时，也会惹祸。但是还是有许多人离不开它。毕竟我们每个人都有些许虚荣心。那个时代，有 95% 的人不会读写，在鼻梁上架一副眼镜是时尚的象征。他们朝那些贫穷的买不起眼镜的可怜的人宣称："快看！为了学习我耗费了大把精力，用眼过度，视力大不如从前了。"

这种风靡一时的时尚反而导致人们对眼镜有所反

眼镜

感，这种反感直到现在还存在。在人们眼中，这种用磨光的玻璃做的眼睛替代品是惺惺作态，真正的男人是不该戴眼镜的。海因里希·海涅以前就遇到过此类情况，他去探访魏玛大名鼎鼎的哥德时，被告知如果他不摘掉眼镜，就无法与这位大人物见面。

现在言归正传吧，因为我们还没有说到人类在提升自己视觉能力方面所做出的重要努力，这些努力让人类发现了自然界中极其隐蔽和难以触碰到的秘密。

因为有了电，人类才有了机会发明远距离眼睛——探照灯，人类可以不受黑夜的影响，如同白天那般查看海面和天空。不过探照灯主要应用于军事方面，它在和平年代的作用并不大。还有两种作用较大的强化眼。

对太空而言，人类是迷你星球上的卑贱的囚徒，经常对住所周围的事物感到好奇。

最开始，他们只能用双眼来研究星空，其他工具没

路灯

有此类作用。假如从天文学的角度来审视，巴比伦人、埃及人和希腊人如果不是视力好的话，那就是观察能力超强。他们所观察到的都没有错误，不过他们的视力范围肯定受到了限制，因为他们必须依靠人眼，完全没有如今我们使用的视觉人为增强措施。

罗吉尔·培根学富五车，不仅是眼镜的发明者，还提出了一种能够制造"远望器"或者"望远镜"的方法。

我们无从得知他是否制作了一台这样的机器以供娱乐。他总是日理万机，他曾在几年的时间内被禁止写作，通常情况下他都是穷困潦倒的，肯定没有精力来进行价格不菲的光学试验。

总之，在他去世后的 400 年的时间内，没有人对望远镜做出贡献。之后宗教改革运动的狂潮也渐渐平复，人们有一小段时间可以一门心思地探索科学中的奥秘。

放大镜

与此同时，世界七大洋的每个港口和港湾都有准备远航的船只，水手们急需一种工具来拓宽他们的视野。所以，毋庸置疑，低地国家的人发明了望远镜，在这些国家，航海的发展已经上升到了艺术的水准。

欧洲各国都从荷兰进口望远镜。伽利略拿到望远镜后，将其应用于物理学研究领域，但这也是天主教方济会领袖之前不允许罗吉尔·培根进行研究的禁区。通过伽利略自己制造的望远镜（相对于我们如今用的望远镜而言，他制造的望远镜简直不值一提），人类在天空的视野扩展了好几千英里，所有的旧观念都被推翻了，整个宇宙的观点都得到了一次全面的清除，比如说地球和行星姐妹们的关键性，火光四射的小太阳。

很多人并没有意识到自己坚信的并且见怪不怪的观点的不合理性，反而将伽利略和他的天文学同事们看作危险的激进分子和亵渎神的叛徒，阻止他们将歪理邪说传给下一代势在必行。

最终，人类不同寻常的好奇心占据了上风，这与以前没有变化。他进一步拓宽自己的视野，直到今天，得益于巨大的天文望远镜，逐渐形成了一个朦胧的概念，尽管人类暂且不知道自己在哪里，可是应该知道自己往哪个方向前行。

现在，当一部分人全身心地研究看得更广阔的问题

古希腊天文学家

时，另一部分人也在竭尽全力寻找看得更精确的方法。有一个世界的存在远超于我们的观察范围，因为这个世界与我们相隔遥远，肉眼是无法观察到它们的，这一点经过认证后，人们就会质疑，也许存在一个由非常渺小的生物组成的世界，只有在别具一格的视力强化能力的帮助下，我们才能看到它们。

第一个在这个大方向上有了自己的猜测的是希腊人。因为没有合适的透镜，这些猜测无法转化成具体的知识。

古人在增强人眼的能力方面有所努力，但只不过是用一个装满水的空玻璃球来看东西，这种做法并没有什么作用。

不过当透镜被发明后，人类就找到了一条正确的路。人类在做实验方面花了400多年的时间，但是17世纪前期，一位名叫范·列文虎克的荷兰人将几个透镜组合起来，人类凭借这种方式看到了渺小的生物体。几

显微镜

千年前，就已经有人预测世界中存在这种生物体。

人们将这种新工具巧妙地称为显微镜或者"察微器"。第一台显微镜极其简陋，不过很快它们就得到了改善。大约 50 年前，我们终于见到了那些有危害性的细菌。这只是细菌的一部分，因为就算是之后有了更加精确的显微镜，也有一部分可恶的细菌群是我们视野所无法企及的。

望远镜

伦琴教授卓越的发明，让我们生活在一个能看"穿"的世界里，在这个世界里没有什么是不可能的，大部分存在的问题可以用两个词来解释："勇气"和"耐心"。

截至现在，就此告一段落吧。因为我没有图片可用了。我很赞同爱丽斯的说法："假如一本书缺少图片，几乎没有作用了。"

假如我时间充裕，并且可以承担起印刷费，我一定会为你们列举很多强化人类器官的例子，让这本书从300页变成3000页。毕竟我所说的是重点问题，很多细节没有提到。

即便是这样，假如读者有勇气认真读完这本书，也许会说："为什么漏了这项发明？他真不应该忽略那项发明。人的步伐通过楼梯延伸，讨论道路的时候，为什么忽略了这个呢？就因为螺丝刀没有增强手的力量吗？将盔甲作为一层额外的皮肤如何？让警犬替代人的鼻子如何？"

他的话很对。不过这本书不需要提及数百种其他的东西，毕竟这不属于"发明史"，也不属于一部阐述人类智慧先知们的悲惨经历的文集。截然相反，这本书仅仅是从智慧的角度拓宽人的视野。

本书是为了让读者养成从新的角度看问题的习惯，给予他一个简易实用的框架，然后他可以划分类别，并可以享受各种发明的分类和亚分类这种无害活动所带来的快乐（也可能是教益）。

不过我还有其他目的。我在前言中提到过，本书讲述的其实是一种信念。在这个失落气馁的时代，我们总是对一些事实视而不见，我只是用锤子、锯子、气球和望远镜来表达希望、快乐这一根本哲学。

本书告诉我们，人类不是宿命的附属品，反而是一种可以无限挖掘自己大脑潜力的生物。本书告诉我们，人类是一种合理的存在并处于最初的阶段，可以很快就找到脱离困境的恰当方式——他们的现状因这些困境而倍感艰难。

有人对此持反对态度，这在我的意料之中，拯救人类的重要方式是拯救其精神。很对！可是当肉体为了存活而必须去挖土豆时，精神也痛苦煎熬。截至现在，人类在挖土豆这件事上耗费了大把的时间。但愿人类可以不再为那种东西浪费时间，如此才能有时间来发展更有价值的能力。

人类将怎么发挥自己更高的能力，我们处于后石器时代，无法预测。不过过去的经历激励着我们，希望人类会做得更好，逐渐远离苦难，这种苦难甚至能让人如蜜蜂和蚂蚁一般。

这个时代在很多方面是不幸的。人在当下算不上奴隶，也算不上主人。我们的手、脚、眼睛和耳朵的能力得到了提升，以此获得了自由。但是我们忽然发现自己被这些无生命的东西束缚着，而创造这些东西的本意是让它们服务我们的。

但是，这与我们的能力得到提升并不矛盾。

这只不过说明它们还没有得到完全的提升。

这也是我们需要去实现的目标。

图书在版编目 (CIP) 数据

发明简史：听房龙讲发明的故事 /（美）亨德里克·威廉·
房龙著；辛怡译 . —北京：中国华侨出版社，2017.9（2024.5 重印）
ISBN 978-7-5113-7006-8

Ⅰ . ①发… Ⅱ . ①亨… ②辛… Ⅲ . ①创造发明—技术史—
世界—普及读物 Ⅳ . ① N091-49

中国版本图书馆 CIP 数据核字 (2017) 第 183881 号

发明简史：听房龙讲发明的故事

著　　者：［美］亨德里克·威廉·房龙
译　　者：辛　怡
责任编辑：刘晓燕
封面设计：冬　凡
经　　销：新华书店
开　　本：880 毫米 ×1230 毫米　1/32 开　印张：8　字数：183 千字
印　　刷：三河市华成印务有限公司
版　　次：2017 年 9 月第 1 版
印　　次：2024 年 5 月第 6 次印刷
书　　号：ISBN 978-7-5113-7006-8
定　　价：35.00 元

中国华侨出版社　北京市朝阳区西坝河东里 77 号楼底商 5 号　邮编：100028
发 行 部：（010）88893001　　传　　真：（010）62707370

如果发现印装质量问题，影响阅读，请与印刷厂联系调换。